Die Aufgaben sind so nummeriert: 1

Hier ist es etwas schwieriger: 1

So erkennst du eine kniffelige Aufgabe: 1

So erkennst du Aufgaben, die jeder lösen kann 1

Auf den blauen Zetteln findest du die Lösungen:

Merkkasten **MERKE DIR**

Wiederholungskasten **WIEDERHOLE**

Zahlen und Formen in unserer Umwelt

Bildinhalt erschließen: Anzahlen ermitteln, zählen; Zahlen erkennen und nennen; Lagebeziehungen angeben (rechts, links, oben, unten, vorn, hinten, zwischen)

B-AZ123
OBST und GEMÜSE
KINO
3 SEPT
19.
Zirkus
Kunst-
Austellung
H
3 5

Lagebeziehungen angeben – Wege beschreiben

1

links

rechts

2

1: Links, rechts, oben, unten mit den Händen zeigen
2: Standort der Fahrzeuge benennen: vor, hinter, neben, unter, über, rechts, links, zwischen

AH 2–3 | **TÜ** 2–4

1

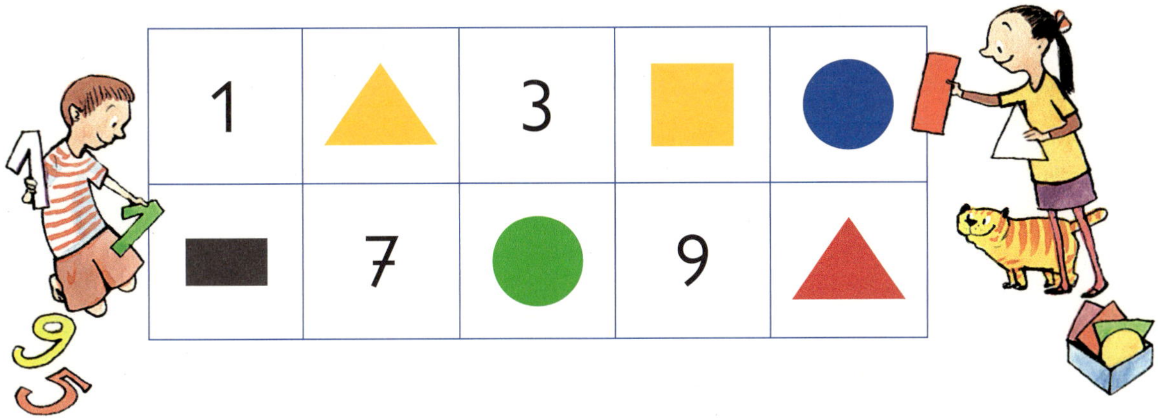

2

1: Figuren nennen (gelbes Dreieck, grüner Kreis …); Lage der Figuren beschreiben (rechts neben, links vor, über …); verdeckte Zahlen nennen 2: Weg finden und beschreiben (links, rechts, gerade aus)

Die Zahlen von 1 bis 10

Gegenstände im Bild zählen; Anzahl von 1 bis 10 mit Plättchen im Zehnerfeld und als Strichlisten darstellen

6
7
8
9
10
Formen
Zahlen
Mengen
1 2
Sept
3
5
9
4
123

Die Zahlen 1 und 2

1

2

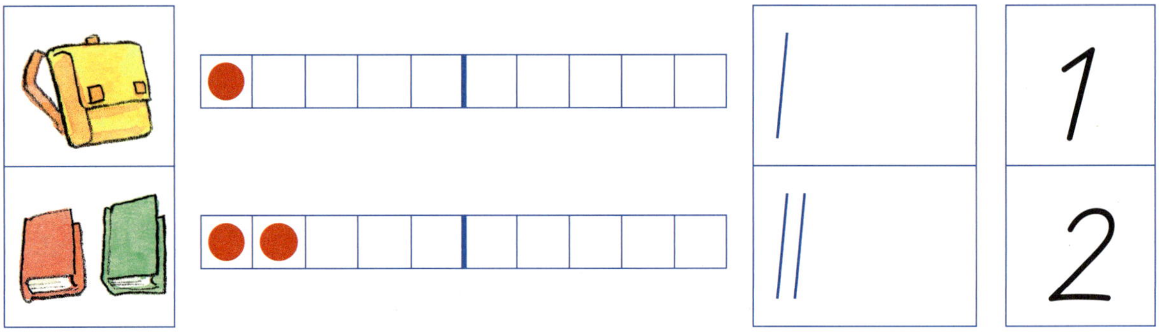

3

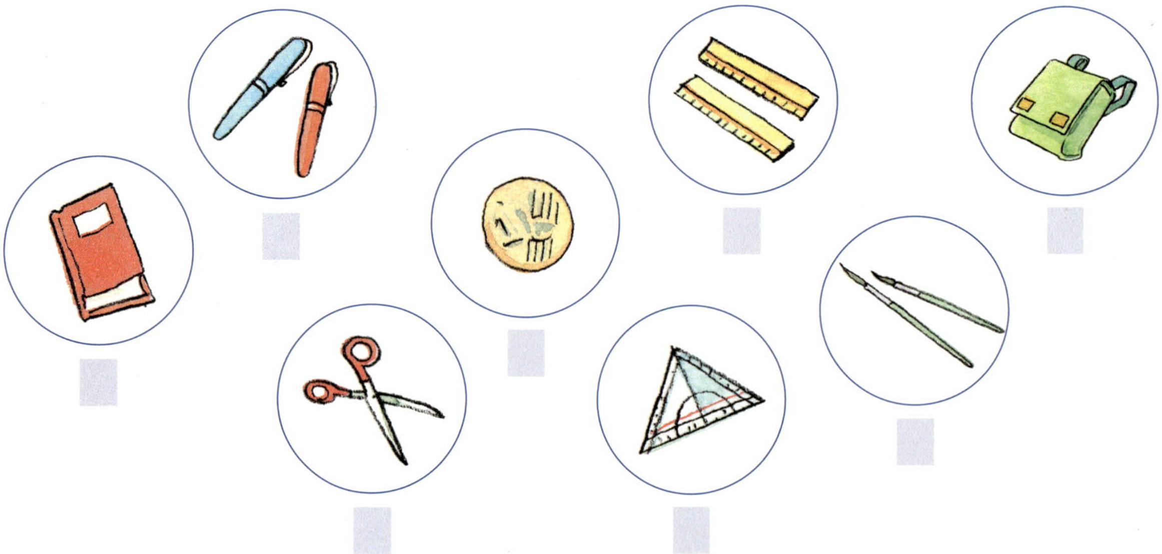

1: Unterrichtsgespräch zum Bild: Anzahl der Dinge bestimmen, Lage der Dinge beschreiben
2: Zahlen 1 und 2 erfassen: Menge, Zehnerstreifen, Ziffernschreibweise
3: Zuordnung Zahl – Menge

AH 4 | **TÜ** 5

1

1	1		1	
		1		1

2	2		2	
		2		2

2

3

1: Ziffernschreibweise veranschaulichen
2: Gespräch zum Bild: Anzahl der Gegenstände bestimmen; Lage beschreiben; Lagebeziehungen
3: Zuordnung: Zahl – Menge

Die Zahl 3

3

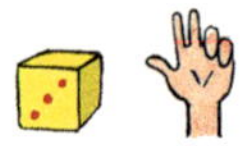

1

2

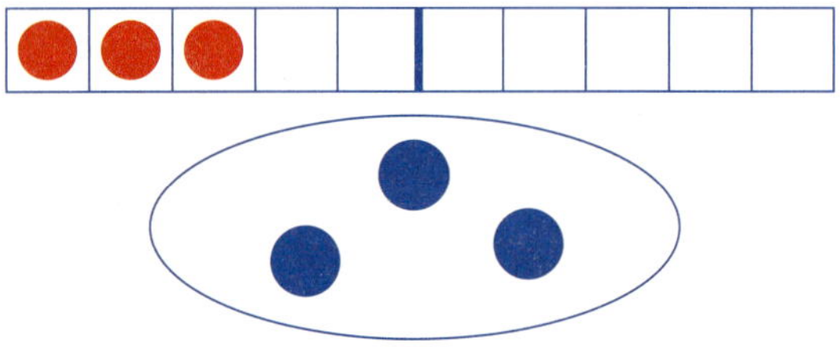

3

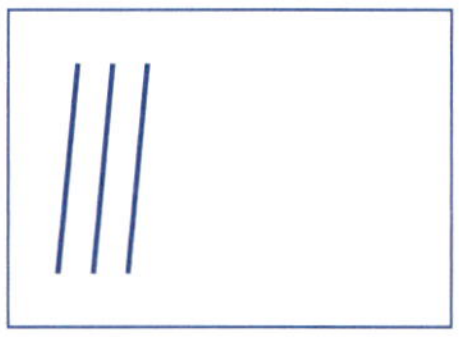

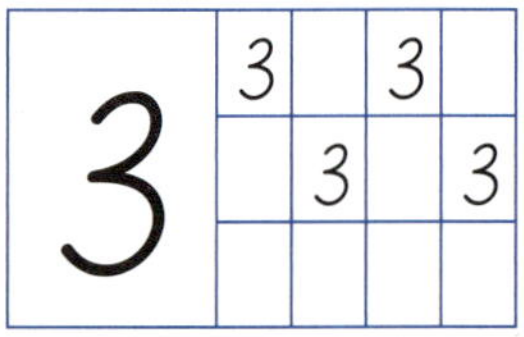

2

1: Mengen mit 3 Dingen erfassen; zählen, Anzahl angeben
2: Anzahl ermitteln; Strichliste; Zahlen zuordnen; Ziffernschreibweise

Die Zahl 4

4 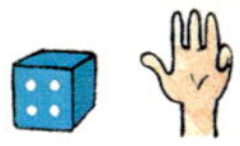

1

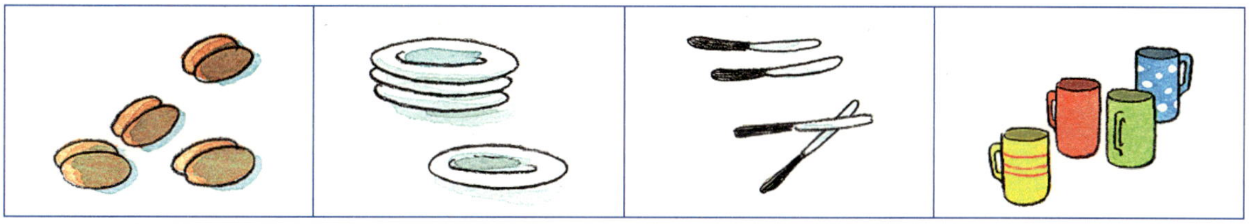

2

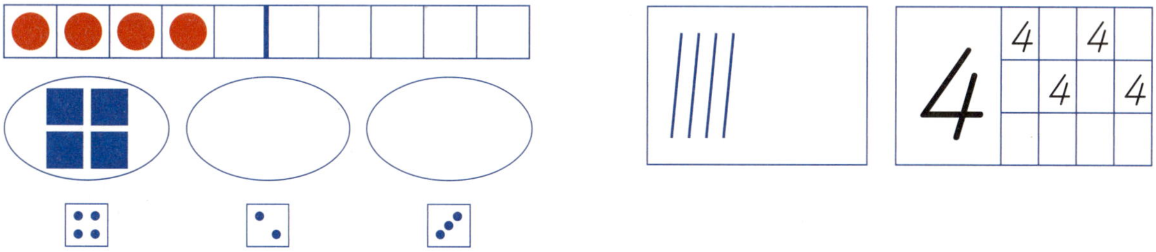

3

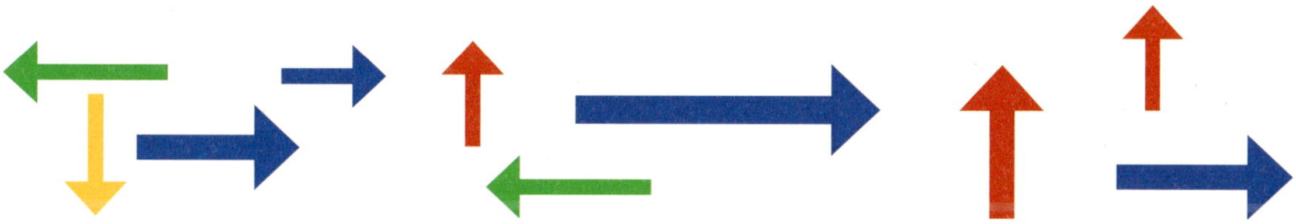

1: Mengen mit 4 Dingen erfassen; zählen, Anzahl angeben
2: Zuordnung: Punktbild – Menge; Anzahl bestimmen; Strichliste; Ziffernschreibweise
3: Anzahl der verschiedenen Pfeile bestimmen; Richtung angeben

Die Zahl 5

5 

1

2

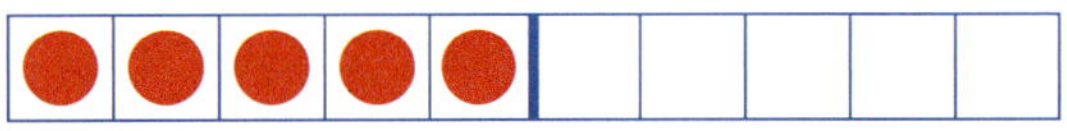

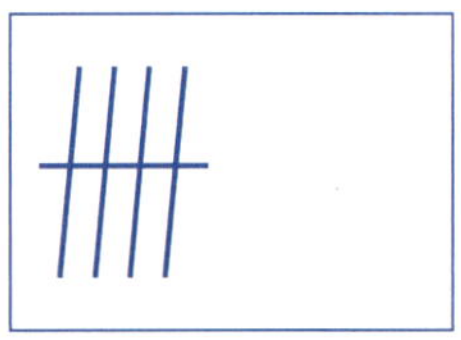

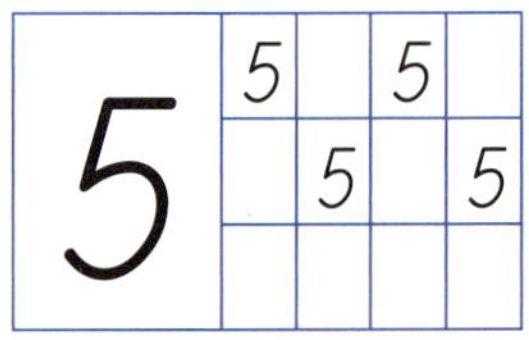

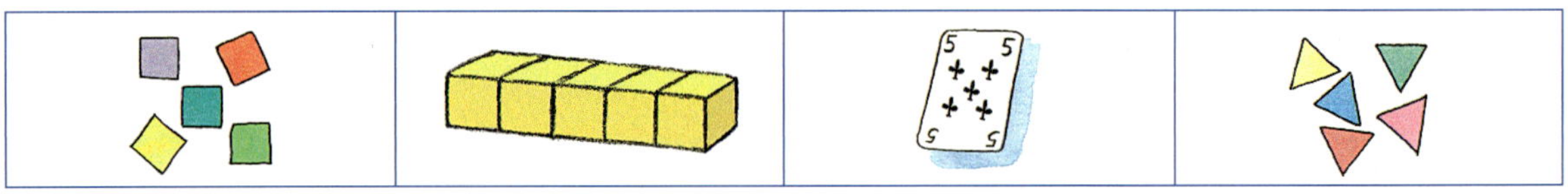

3

5 5 5 5

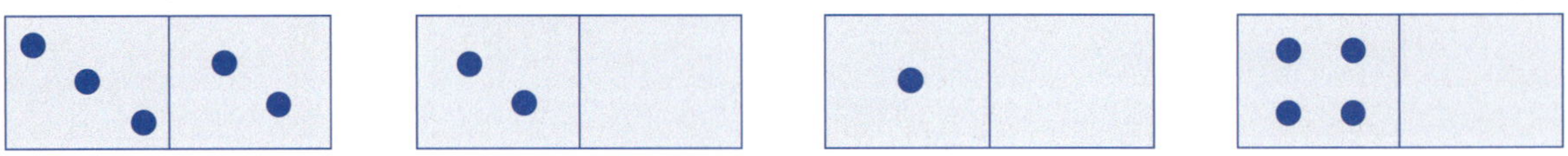

1: Mengen mit 5 Dingen erfassen; Anzahl angeben
2: Anzahl erfassen; Zahl zuordnen; Strichliste und Ziffernschreibweise
3: Ergänzen zu 5 Punkten

Die Zahl 6

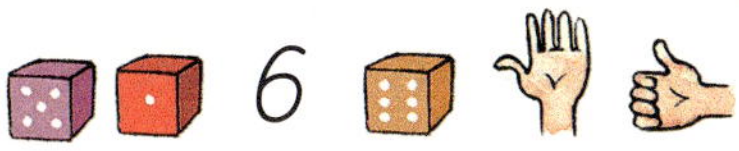

1

2
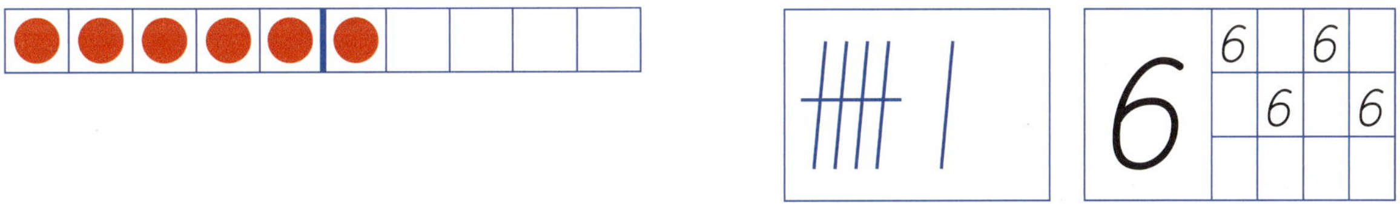

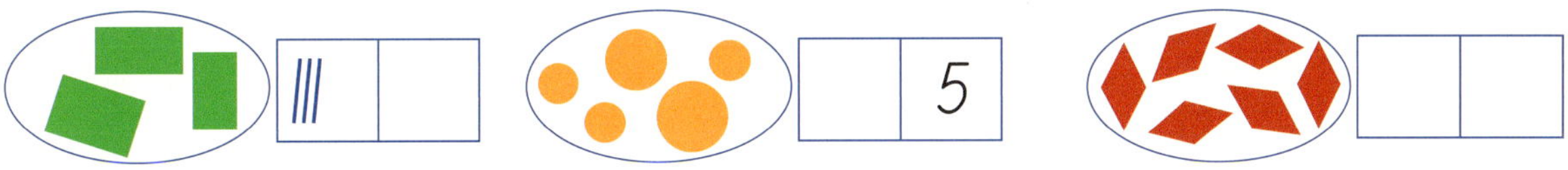

3

1: Mengen mit 6 Dingen erfassen, zählen; Anzahl angeben
2: Anzahl ermitteln; Strichliste; Zahl zuordnen; Ziffernschreibweise
3: Anzahl bestimmen; Zahl der Menge zuordnen

Vergleichen der Zahlen von 1 bis 6

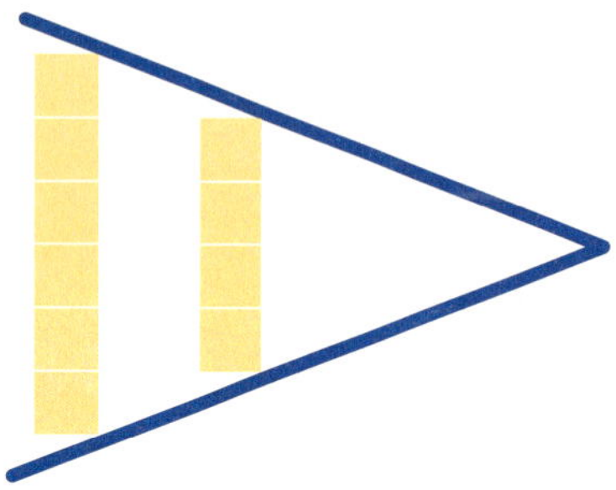

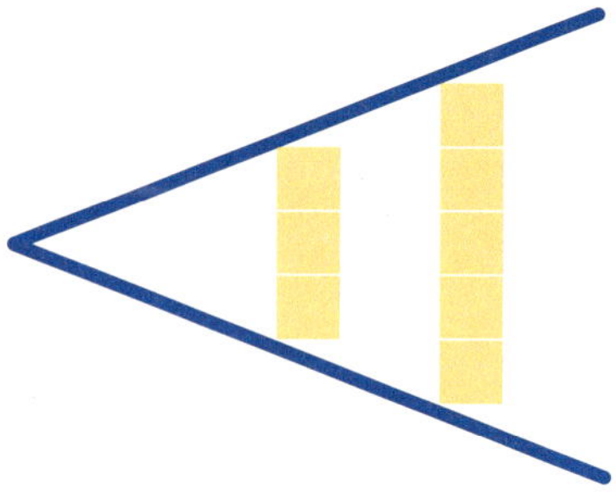

6 > 4

6 ist größer als 4

3 < 5

3 ist kleiner als 5

1

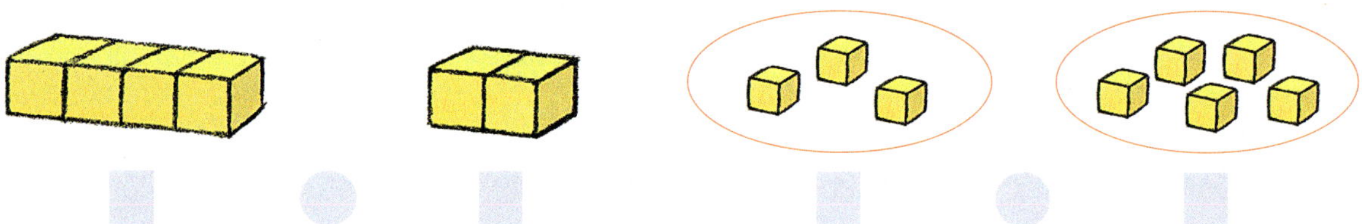

2

3

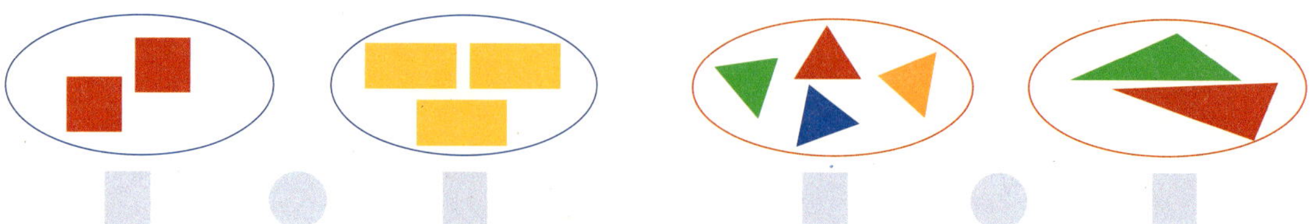

4 = 4

4 ist gleich 4

1

☐ ○ ☐ ☐ ○ ☐ ☐ ○ ☐ ☐ ○ ☐

2

☐ ○ ☐ ☐ ○ ☐ ☐ ○ ☐ ☐ ○ ☐

3

2 ○ 6	3 ○ 5	5 ○ 6	5 ○ 4	1 ○ 4
5 ○ 4	6 ○ 6	4 ○ 2	1 ○ 5	3 ○ 4
2 ○ 2	4 ○ 3	1 ○ 3	1 ○ 6	5 ○ 5
2 ○ 3	3 ○ 2	6 ○ 2	3 ○ 3	4 ○ 1

4

2 > ☐	1 < ☐	6 > ☐	5 > ☐
3 > ☐	2 < ☐	2 < ☐	4 < ☐
4 > ☐	3 < ☐	3 > ☐	3 = ☐

5

☐ ○ ☐ ☐ ○ ☐ ☐ ○ ☐

1 und 2: Zahlen zuordnen und Relationszeichen setzen 3: Relationszeichen setzen
4: Geeignete Zahlen für den Platzhalter finden
5: Anzahl der Würfel bestimmen; Zahlen zuordnen; Relationszeichen setzen

Zerlegen von Mengen und Zahlen

1

2

4

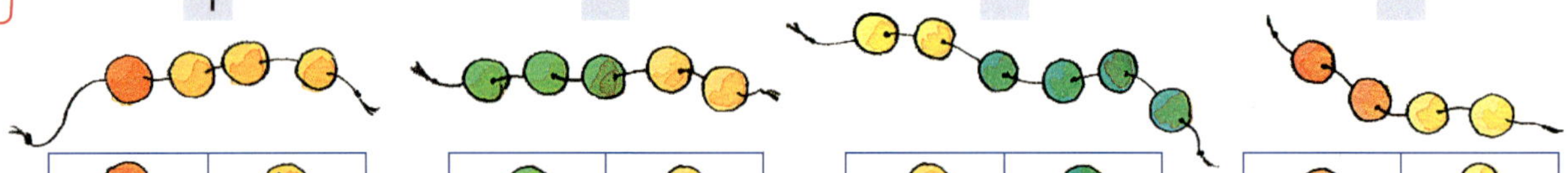

1	

3

6

4	2

4

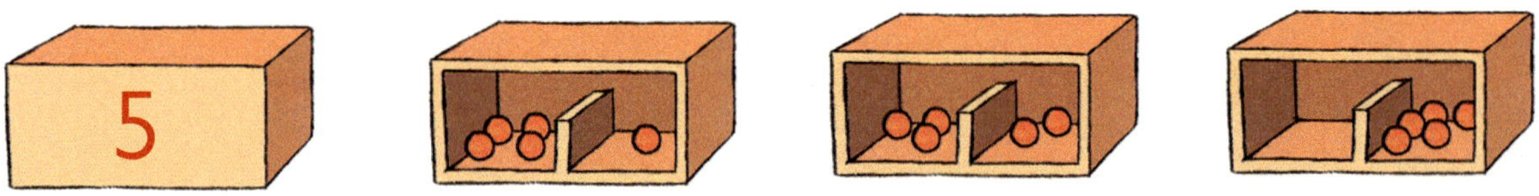

5

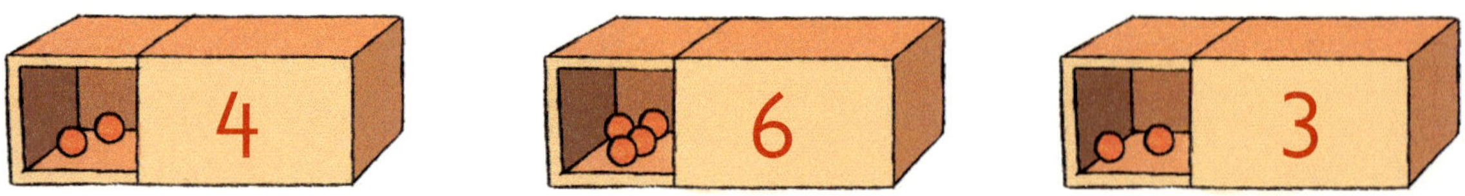

2

1: Darstellungen im Bild besprechen
2 bis 5: Anzahl erfassen; Zerlegung erkennen

1

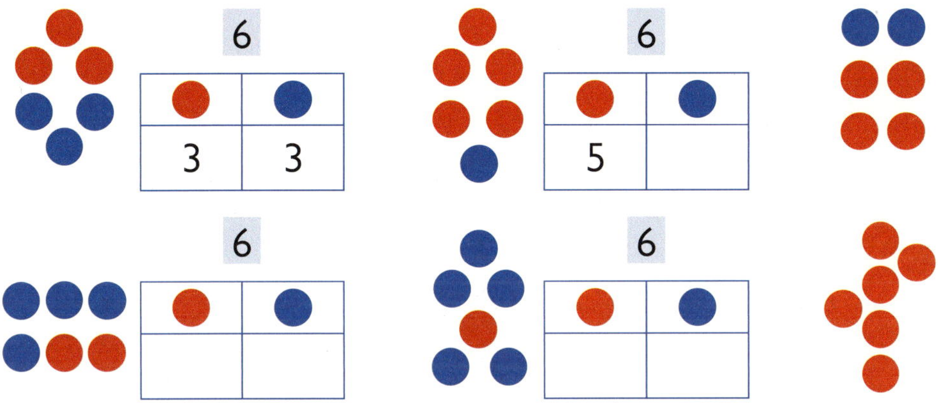

6	
●	●
3	3

6	
●	●
5	

6	
●	●

6	
●	●

6	
●	●

6	
●	●
	/

2

6

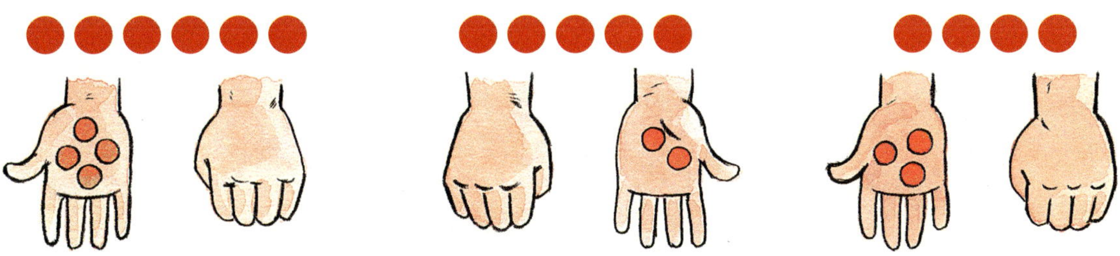

4

3

4		4
4	▲	▲
▲▲▲▲	4	/
▲▲▲▲		
▲▲▲▲		
▲▲▲▲		
▲▲▲▲		

3		3
3	■	■
■■■		
■■■		
■■■		
■■■		

1: Zahlen zerlegen; Zerlegung mit Plättchen nachlegen
2: Verdeckte Anzahl ermitteln; Zahl zuordnen
3: Struktur des Zerlegens erfassen

Addieren bis 6

+ plus

MERKE DIR

1

3 + 2 = ☐

2

2 + ☐ = ☐

3

☐ + ☐ = ☐

4

☐ + ☐ = ☐

1

$4 + \square = \square$

2

$\square + 1 = \square$

3

$\square + \square = \square$

4

$\square + \square = \square$

5

$\square + \square = \square$

MERKE DIR

Summand		Summand		Summe
4	+	2	=	6

(4 + 2: Summe)

1 bis 4: Additionsaufgaben am Zehnerstreifen legen, aufschreiben und lösen
5: Aufgaben finden und lösen

1

So rechnest du im Heft:

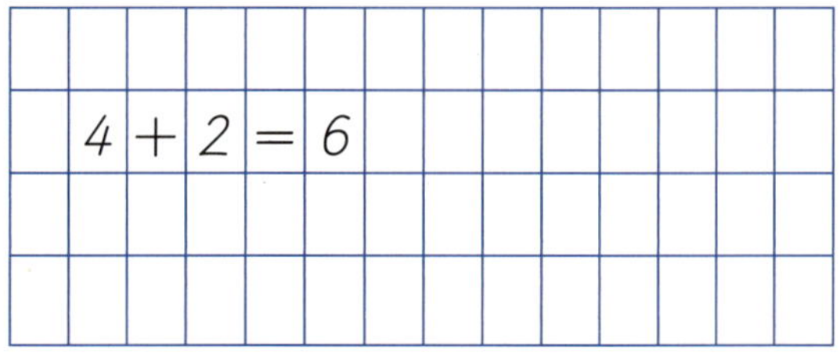

2 Lege und rechne.

2 + 1 =	2 + 3 =	4 + 2 =	1 + 2 =
1 + 3 =	1 + 1 =	3 + 1 =	3 + 3 =
2 + 2 =	1 + 4 =	3 + 2 =	5 + 1 =
4 + 1 =	2 + 4 =	1 + 5 =	3 + 2 =

3

4 Setze ein: <, > oder =.

2 + 3 ◯ 6	5 + 1 ◯ 6	4 ◯ 1 + 3	3 ◯ 1 + 2
4 + 1 ◯ 5	1 + 2 ◯ 4	5 ◯ 3 + 3	6 ◯ 2 + 2
2 + 2 ◯ 3	3 + 1 ◯ 3	5 ◯ 2 + 4	4 ◯ 3 + 3
3 + 3 ◯ 6	4 + 2 ◯ 5	6 ◯ 5 + 1	5 ◯ 4 + 2

5 Berechne die Summe aus den Zahlen 2 und 4.

1: Aufgabe am Zehnerstreifen darstellen 2: Aufgaben mit Plättchen legen und Summen bestimmen
3: Rechenhäuser mit den zugehörigen Additionsaufgaben ausfüllen
4: Summe berechnen und Relationszeichen setzen 5: Additionsaufgabe finden und lösen

AH 10 | **TÜ** 10–11

Lege und rechne.

1

2 + 3 = ☐

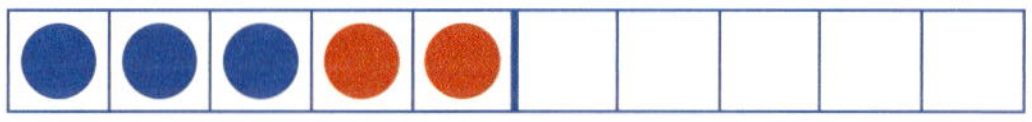

3 + 2 = ☐

2

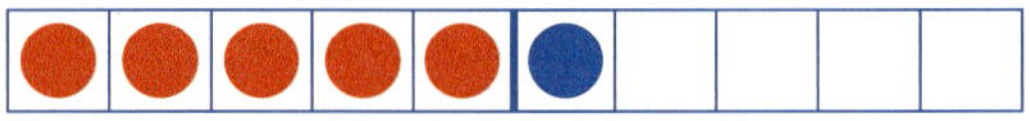

5 + 1 = ☐

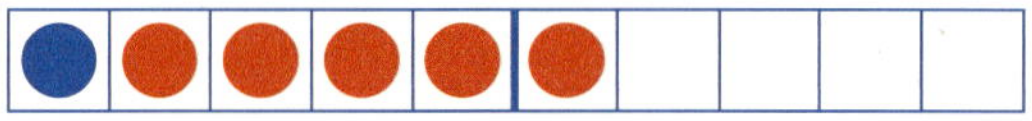

☐ + ☐ = ☐

3

4 + 2 = ☐

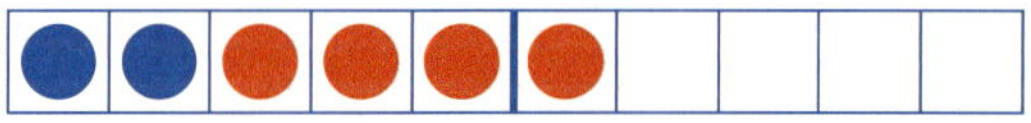

☐ + ☐ = ☐

Die **Summanden** kannst du vertauschen.
Die **Summe** bleibt gleich.
2 + 3 = 5   3 + 2 = 5

MERKE DIR

4
3 + 1 = ☐
1 + 3 = ☐

4 + 2 = ☐
2 + 4 = ☐

5
1 + 5 = ☐
☐ + ☐ = ☐

1 + 4 = ☐
☐ + ☐ = ☐

6
☐ + ☐ = 5
☐ + ☐ = 5

☐ + ☐ = 3
☐ + ☐ = 3

1 bis 3: Aufgaben mit Plättchen legen und lösen; Ergebnisse vergleichen
4 bis 6: Tauschaufgaben lösen

Subtrahieren bis 6

– minus

MERKE DIR

1

6 − 2 = ☐

2

4 − ☐ = ☐

3

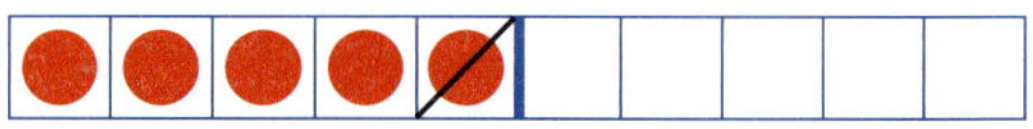

☐ − ☐ = ☐

4

☐ − ☐ = ☐

 1 bis 4: Subtraktionsaufgaben zu den Bildern finden und lösen

1

5 − ☐ = ☐

2

☐ − 4 = ☐

3

☐ − ☐ = ☐

4

☐ − ☐ = ☐

5

☐ − ☐ = ☐

6

☐ − ☐ = ☐

1 bis 4: Subtraktionsaufgaben legen, aufschreiben und lösen
5 und 6: Aufgaben finden, legen und lösen

1

2

5 − 1 =
3 − 2 =
4 − 3 =
6 − 1 =

3

4 − 2 =
6 − 3 =
5 − 1 =
6 − 4 =

4

6 −   = 1
4 −   = 3
3 −   = 1
5 −   = 2

2 5 4 1
2 4 1 3
1 3 2 5

5

−	4	3	2
6			
5			

6

−			2
5	4		
4		1	

7

8

1

3 + 2 = ☐   5 − 4 = ☐

2

2 + 4 = ☐	4 − 1 = ☐	2 + 1 = ☐	3 − 2 = ☐
4 + 1 = ☐	6 − 5 = ☐	5 − 2 = ☐	1 + 4 = ☐
1 + 5 = ☐	5 − 3 = ☐	3 − 1 = ☐	6 − 2 = ☐
1 + 3 = ☐	6 − 2 = ☐	5 + 1 = ☐	2 + 2 = ☐

4	2	6	6
3	2	1	4
4	5	3	1
5	3	4	6

3

3 + ☐ = 4

3 + ☐ = 6
4 + ☐ = 5
2 + ☐ = 6
2 + ☐ = 3

4

☐ + 2 = 5

☐ + 3 = 5
☐ + 1 = 4
☐ + 2 = 4
☐ + 1 = 2

5

4 − ☐ = 3
6 − ☐ = 1
5 − ☐ = 3
2 − ☐ = 1

5 − ☐ = 1

6

☐ − 3 = 2
☐ − 4 = 1
☐ − 2 = 3
☐ − 1 = 5

☐ − 3 = 3

7 Die Summanden heißen 3 und 2. Berechne die Summe.

1

	6	
4		2

3		1

3		2

2

1		4

2		2

5		1

1		3

3

	5	
		3

	3	
1		

	6	

	4	

4

3 + 3 =	4 − 2 =	6 − 5 =	4 + 1 =
2 + 1 =	6 − 4 =	4 + 2 =	3 − 2 =
1 + 5 =	5 − 4 =	3 − 1 =	1 + 2 =
3 + 2 =	6 − 2 =	2 + 3 =	5 − 1 =

4	1	2	6
3	1	5	2
1	6	5	4
2	6	5	3

5

+	4		2
1		4	
			4

−	1		2
5		2	
4			

3	1	2	6
3	3	4	5
3	2	3	5

6

▢ ◯ ▢ = ▢

▢ ◯ ▢ = ▢

1: Aufbau der Rechenmauern entdecken 2 und 3: Fehlende Zahlen eintragen
4: Additions- und Subtraktionsaufgaben lösen 5: Mit Rechentabellen arbeiten
6: Rechengeschichten erzählen; Aufgaben notieren und lösen

AH 12–13 | **TÜ** 13–14

Umkehraufgaben

1

$6 - 2 = \square$

$4 + 2 = \square$

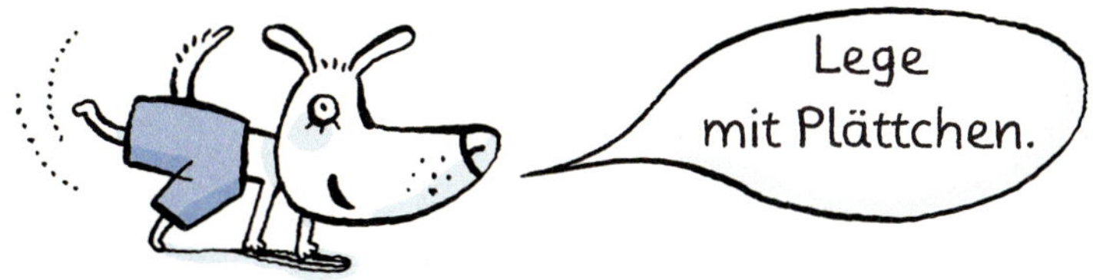

2

$6 - 1 = \square$	$4 - 3 = \square$	$6 - 5 = \square$
$5 + 1 = \square$	$1 + 3 = \square$	$1 + 5 = \square$

3

$4 - 2 = \square$	$3 - 1 = \square$	$5 - 2 = \square$
$\square + 2 = \square$	$\square + 1 = \square$	$\square + 2 = \square$

4

$\square - 1 = 4$	$\square - 3 = 2$	$\square - 2 = 1$
$\square + 1 = \square$	$\square + 3 = \square$	$\square + 2 = \square$

5

$3 + 1 = \square$	$2 + 4 = \square$	$1 + 5 = \square$
$\square - 1 = \square$	$\square - 4 = \square$	$\square - 5 = \square$

6

$3 + \square = \square$	$\square - 2 = \square$	$4 + \square = \square$
$\square - \square = \square$	$\square + \square = \square$	$\square - \square = \square$

7

-3	$\bigcirc\square$	$\bigcirc\square$
$5 \rightleftarrows 2$	$6 \rightleftarrows 1$	$4 \rightleftarrows 2$
$+3$	$\bigcirc\square$	$\bigcirc\square$

1: Erzählen zum Bild; Aufgabe und Umkehraufgabe erfassen und lösen
2 bis 5: Aufgabe und Umkehraufgabe bilden und lösen
6: Mögliche Aufgaben finden 7: Aufgaben mit Lösung aufschreiben

Die Zahl 0

1

$3 - 1 =$ $3 - 2 =$ $3 - 3 =$

$4 - 1 =$ $4 - 2 =$ $4 - 3 =$ $4 - 4 =$

$5 - 1 =$ $5 - 2 =$ $5 - 3 =$ $5 - 4 =$ $5 - 5 =$

0 0 0 0 0 0 0

2

$6 - 3 =$
$6 - 4 =$
$6 - 5 =$
$6 - 6 =$

3

$6 + 0 =$
$0 + 6 =$
$4 + 0 =$
$0 + 4 =$

4

$0 + 5 =$
$5 - 0 =$
$0 + 3 =$
$2 - 2 =$

5

$6 > 0$
0 ○ 6
5 ○ 0
0 ○ 1

WIEDERHOLE

1.	2.	3.	4.	5.
$2 + 3$	$5 - 3$	$3 + 3$	$3 > 1$	3 ○ 2
$3 + 2$	$1 + 4$	$5 - 1$	3 ○ 5	4 ○ 4
$5 - 4$	$3 - 2$	$5 + 1$	4 ○ 3	2 ○ 5

1: Erarbeitung der Null über die Differenz gleicher Zahlen 2 bis 4: Additions- und Subtraktionsaufgaben lösen 5: Zahlen vergleichen, Relationszeichen setzen W: 1 bis 3: Additions- und Subtraktionsaufgaben lösen 4 und 5: Relationszeichen setzen

AH 14 | TÜ 15–16

1

2

3

3 + 2 = ☐
1 + 5 = ☐
5 + 0 = ☐
0 + 6 = ☐
4 + 0 = ☐

4

6 − 0 = ☐
5 − 5 = ☐
3 + 0 = ☐
1 − 0 = ☐
1 − 1 = ☐

5

4 − 4 = ☐
4 − 0 = ☐
6 + 0 = ☐
2 − 2 = ☐
2 + 0 = ☐

6

2 ○ 5
5 ○ 2
6 ○ 3
3 ○ 6
4 ○ 4

7

	☐	
2		4

	☐	
6		0

	5	
3		☐

	4	
☐		4

1 und 2: Erarbeitung der Null über die leere Menge
3 bis 5: Addieren und Subtrahieren unter Einbeziehung der Null
6: Relationszeichen setzen 7: Fehlende Zahlen ergänzen

Lage beschreiben

1 Du beschreibst die Lage des Kästchens: „Oben rechts."
Dein Partner zeigt das Kästchen.

2 Du nennst ein Kästchen: „Das gelbe Kästchen."
Dein Partner beschreibt die Lage: „Unten in der Mitte."

3 Du beschreibst den Weg: 2 □ ↑ 3 □ → 1 □ ↓
Dein Partner folgt der Wegebeschreibung und nennt das Ziel: „roter Kreis".

4 Du nennst einen Gegenstand: „Schultasche".
Dein Partner beschreibt den Weg dahin: 2 □ ↑ 2 □ →

Aufgaben legen

5 Du legst: 
Dein Partner schreibt: 4 + 2 = 6

1 bis 4: Verwenden von „oben", „unten", „rechts", „links", „in der Mitte", „zwischen". Inklusion: AB 1/A, S. 6/7 5: Punktbilder legen, Aufgaben zuordnen. Inklusion: AB 1/A, S. 63

Bingo

1 Jedes Kind erhält ein Bingofeld.
Es wird nacheinander gewürfelt.
Jedes Kind setzt auf seine gewürfelte Augenzahl einen Stein. Wer drei Zahlen in einer Reihe abgedeckt hat, ruft „Bingo“.

1	4	6
4	2	5
3	6	2

Mengen zerlegen

2 Du hast insgesamt 6 (5, 4) Plättchen in den Händen.
Eine Hand öffnest du.
Dein Partner nennt die Anzahl der Plättchen in der geschlossenen Hand.

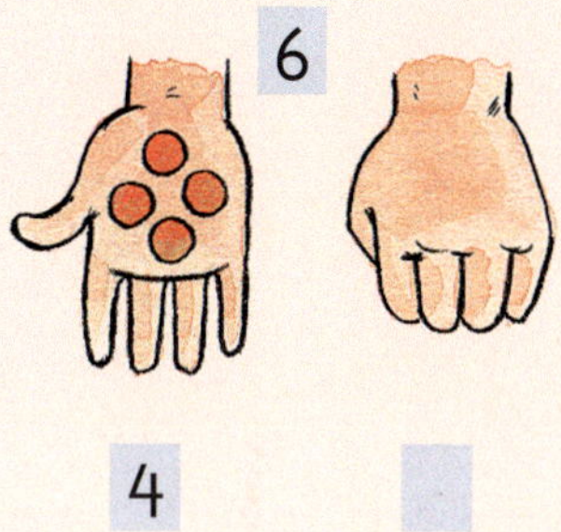

Rechenmauern

3 Du nennst zwei Zahlen von 1 bis 3 für die Grundsteine.
Dein Partner berechnet den Zielstein.

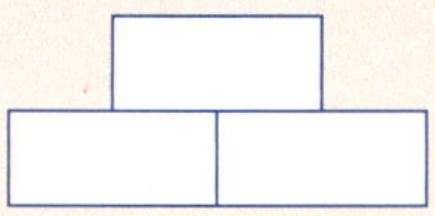

4 Du nennst eine Zahl für den Zielstein.
Dein Partner findet dazu die Zahlen für die Grundsteine.

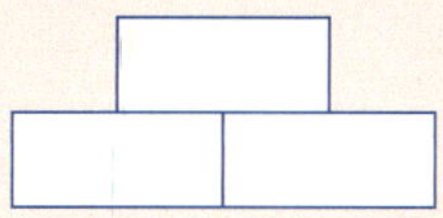

Umkehraufgaben finden

5 Du nennst eine Aufgabe mit +. Dein Partner findet dazu die Umkehraufgabe.

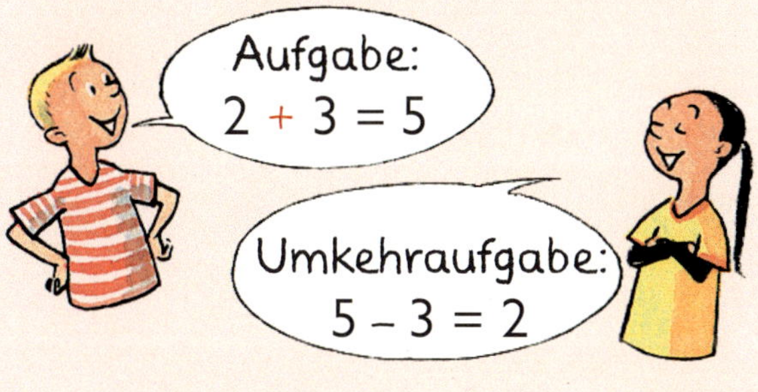

6 Du nennst eine Aufgabe mit –. Dein Partner findet dazu die Umkehraufgabe.

1: Bingo spielen 2: Alle möglichen Zerlegungen finden 3 und 4: Zahlen für die Rechenmauer finden
5 und 6: Umkehraufgabe finden und lösen. Inklusion: AB 1/A, S.65

Kann ich das schon?

1

6 ☐ 5

3 ☐ ☐ ☐ ☐ ☐

2 Baue Türme und vergleiche.

5 < 6 1 ◯ 3 3 ◯ 2 0 ◯ 6 4 ◯ 3 5 ◯ 2

3

☐	
2	4

5	
3	☐

☐	
0	4

6	
6	☐

4

2 + 1 = ☐	1 + 1 = ☐	2 − 1 = ☐	4 − 2 = ☐
1 + 3 = ☐	2 + 3 = ☐	3 − 2 = ☐	6 − 3 = ☐
2 + 2 = ☐	1 + 4 = ☐	4 − 3 = ☐	5 − 1 = ☐
4 + 1 = ☐	2 + 4 = ☐	6 − 1 = ☐	6 − 4 = ☐
3 + 3 = ☐	5 + 1 = ☐	5 − 2 = ☐	5 − 3 = ☐

5

4 − ☐ = 3	3 + ☐ = 6
6 − ☐ = 0	4 + ☐ = 5
5 − ☐ = 3	2 + ☐ = 6
2 − ☐ = 1	2 + ☐ = 3

6

	+	5
4	+	
	+	3
0	+	

1

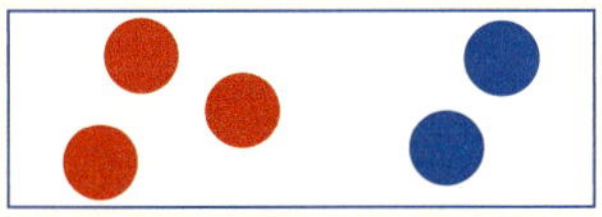

3 + ☐ = ☐

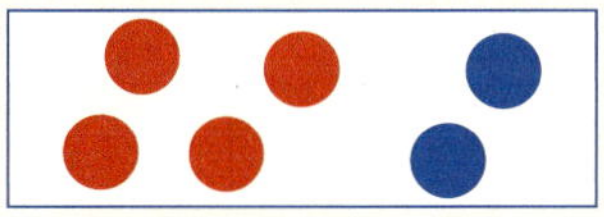

4 + ☐ = ☐

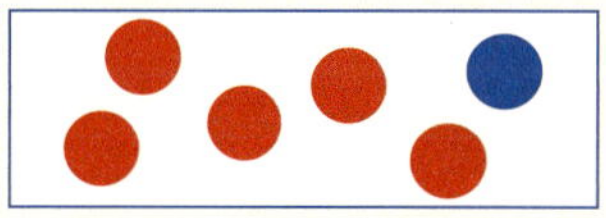

☐ + ☐ = ☐

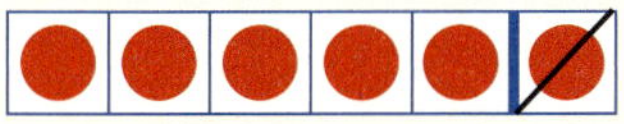

6 − 1 = ☐

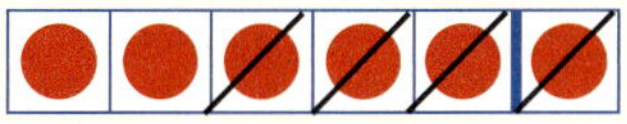

6 − 4 = ☐

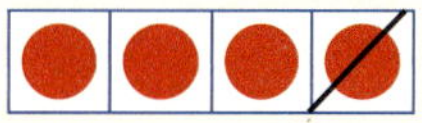

4 − 1 = ☐

2

3 + 2 = ☐
2 + 3 = ☐

1 − ☐ = ☐
5 − ☐ = ☐

3

3 + 1 = ☐
☐ − 1 = ☐

4 + 2 = ☐
☐ − ☐ = ☐

4

+	2	1	3
3			
2			

−	2	4	1
6			
5			

+		2	
2	5		
3			4

5

☐ + ☐ = ☐

☐ + ☐ = ☐

☐ + ☐ = ☐

6

☐ − ☐ = ☐

☐ − ☐ = ☐

☐ − ☐ = ☐

Die Zahl 7

7 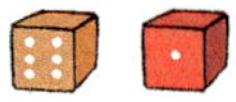 so auch: 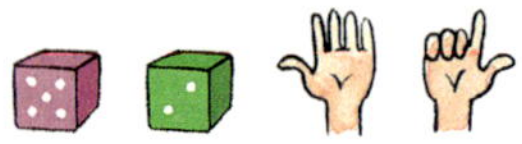

1

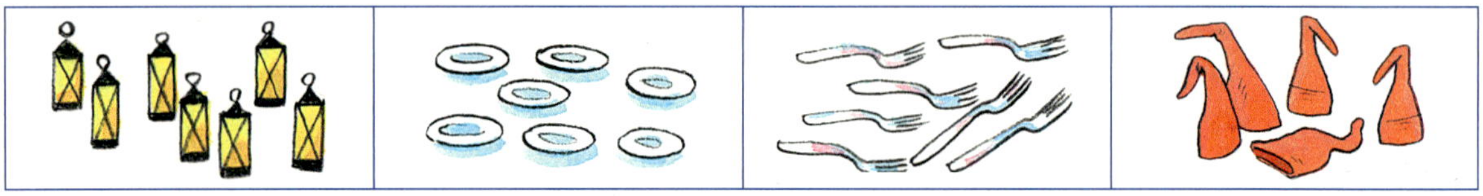

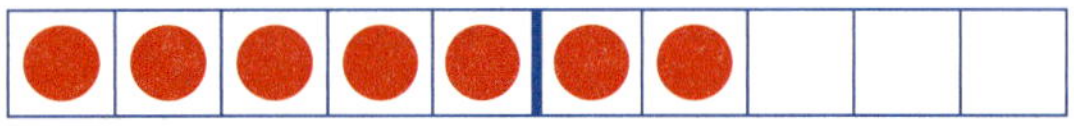

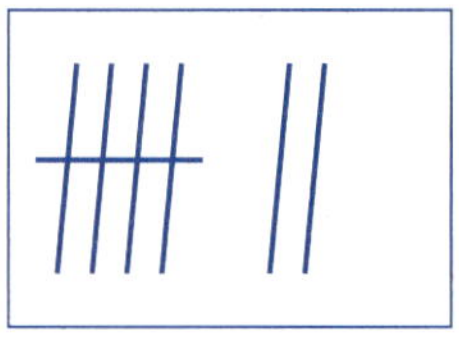

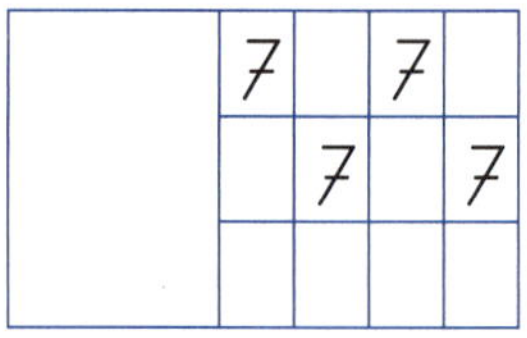

2

3

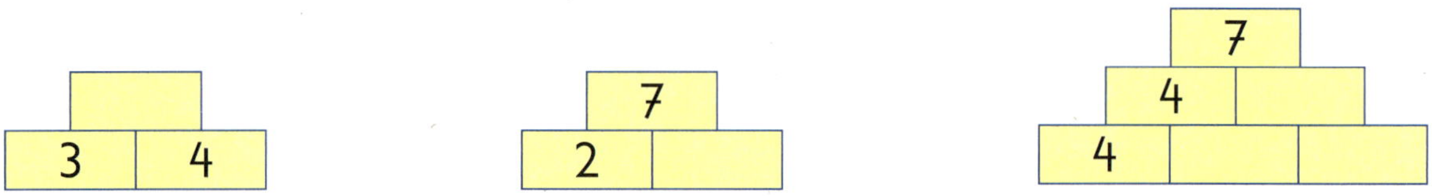

4

1: Die Zahl 7 kennen lernen 2: Zerlegen der Zahl 7
3: Zahlen zu Rechenmauern finden 4: Zahlen den Mengen zuordnen; verdeckte Anzahl ermitteln

AH 15 | **TÜ** 17

Die Zahl 8

8  so auch: 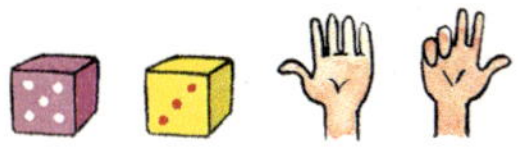

1

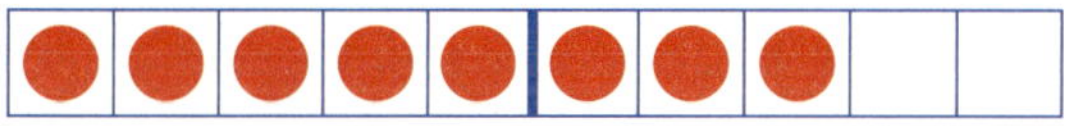

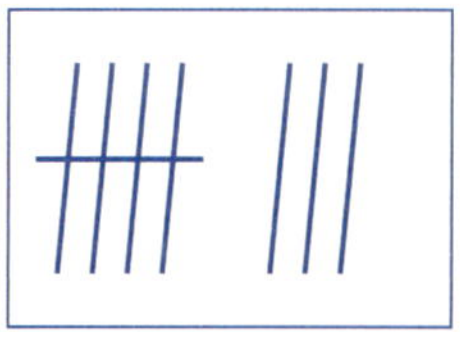

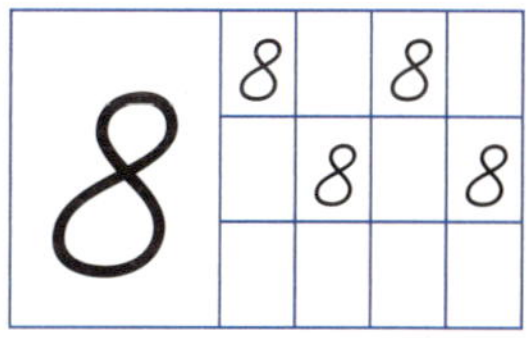

2 Wo hat sich die 8 versteckt?

3

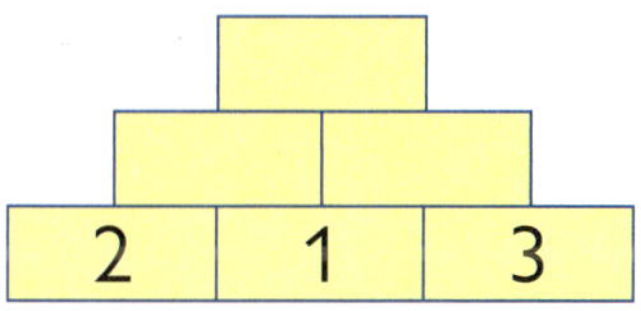

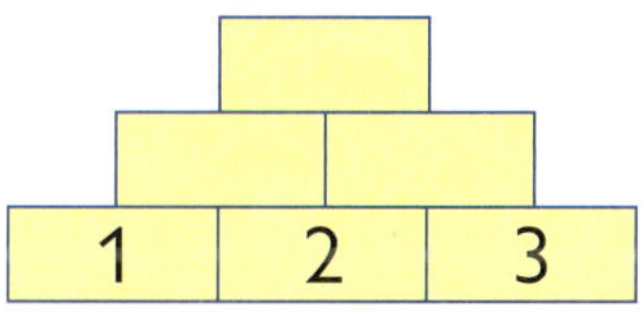

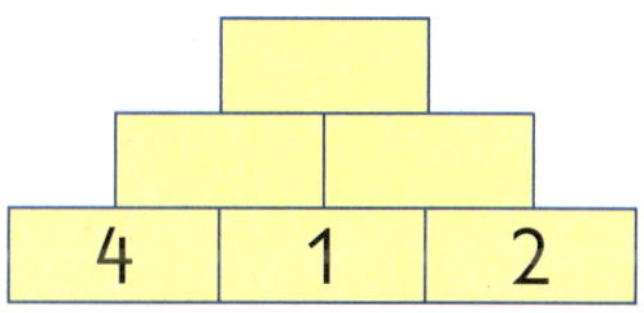

1: Die Zahl 8 kennen lernen
2: Zahl wiedererkennen, nachspuren
3: Zahlen zu Rechenmauern finden

Die Zahl 9

9  so auch: 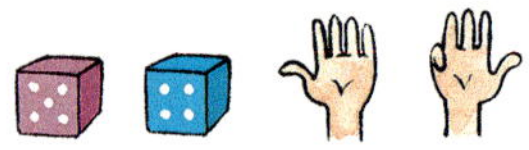

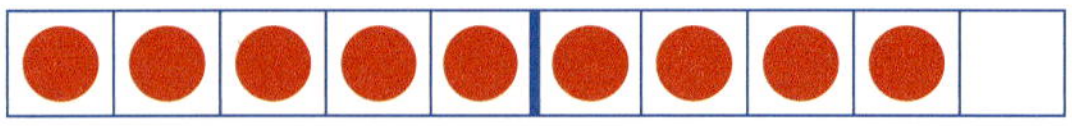

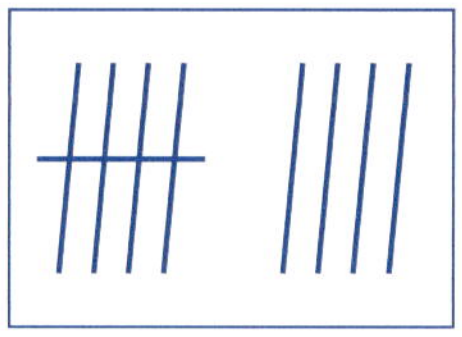

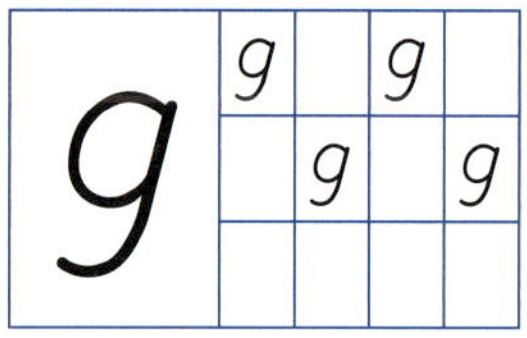

1

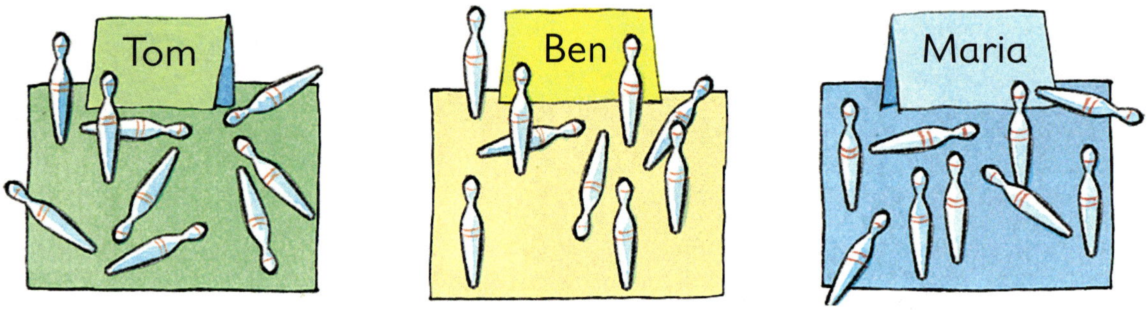

2

9	9	9
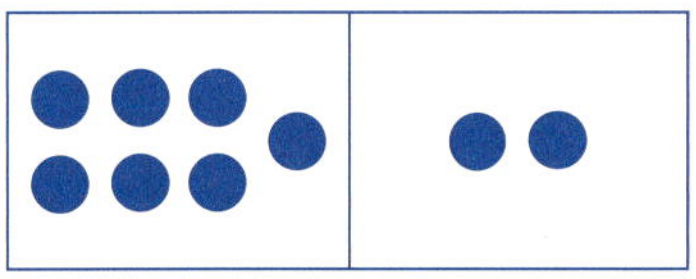	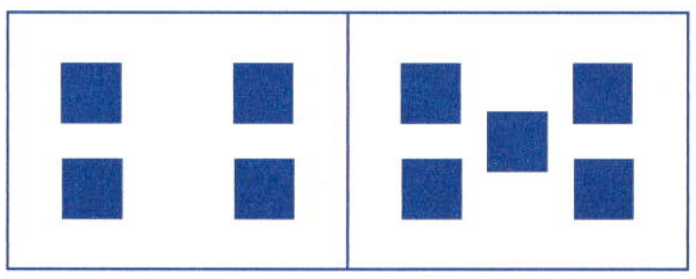	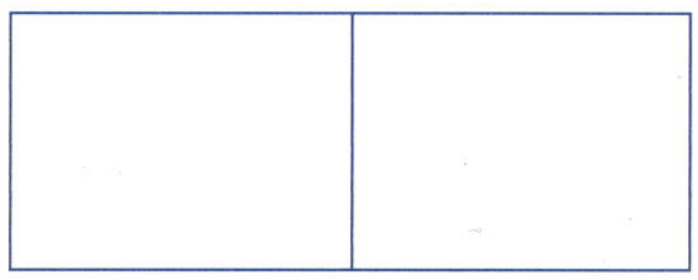
7 2		

WIEDERHOLE

2 + 4 =	4 − 1 =	2 + 0 =	3 − 2 =
4 + 0 =	6 − 5 =	5 − 2 =	0 + 4 =
0 + 5 =	5 − 3 =	3 − 1 =	6 − 2 =
5 + 1 =	6 − 0 =	1 + 5 =	2 + 2 =

1 und 2: Zerlegen der Zahl 9
W: Addieren und Subtrahieren bis 6

Die Zahl 10

10  so auch: 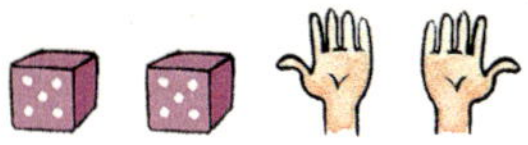

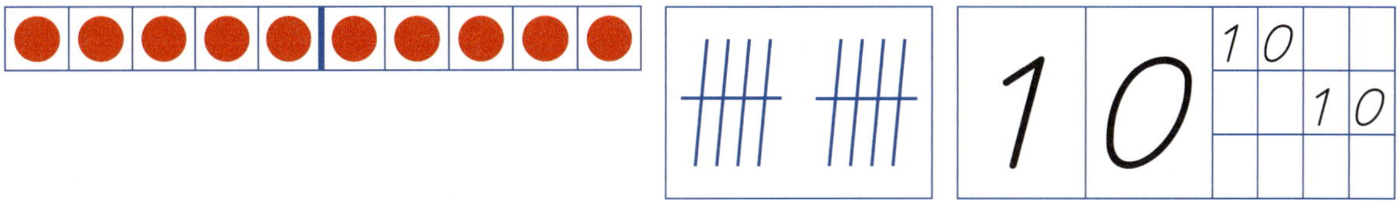

1

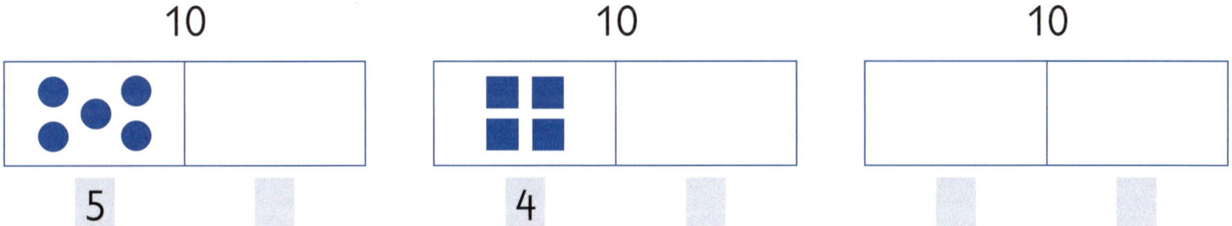

2

WIEDERHOLE

4

4	+	
3	+	
2	+	
1	+	
0	+	

5

	+	4
	+	3
	+	2
	+	1
	+	0

6

	+	5
2	+	
	+	1
6	+	
	+	3

1: Zerlegen der Zahl 10
2: Fehlende Zahlen nennen und ergänzen
W: Addieren bis 6 mit wechselndem Platzhalter

Vergleichen der Zahlen von 0 bis 10

MERKE DIR

<	=	>
ist kleiner als	ist gleich	ist größer als

1

2

3

4

4		7
8		6
10		9
9		10

5

6		9
		9
		9
		9

6

4 + 2		7
8 + 0		0 + 8
10		6 + 3
8		4 + 4

7

9 − 7		3
7 − 5		6 − 4
8		10 − 3
4		2 − 2

8

3	<	5
	<	
	<	
	<	

9

	>	
	>	
	>	
	>	

1 bis 3: Zahlen zuordnen und vergleichen
4 bis 7: Zahlen/Summen/Differenzen vergleichen
8 und 9: Zahlen auswählen und vergleichen

AH 17 | TÜ 19

Zerlegen der Zahlen von 1 bis 10

1

2

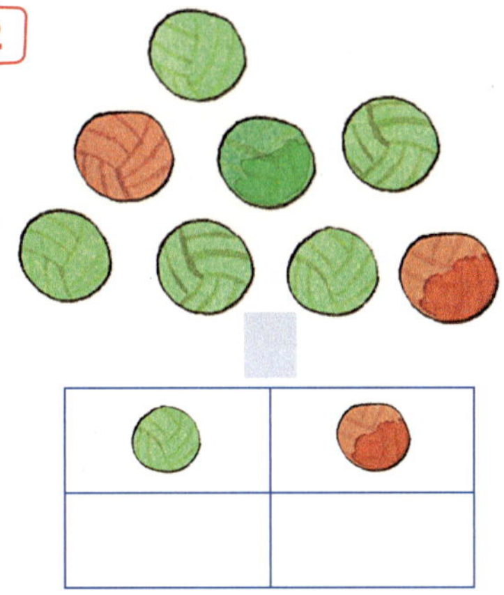

3

4

5

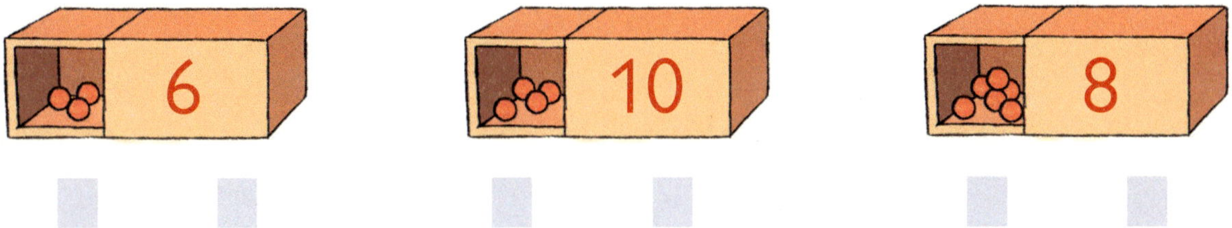

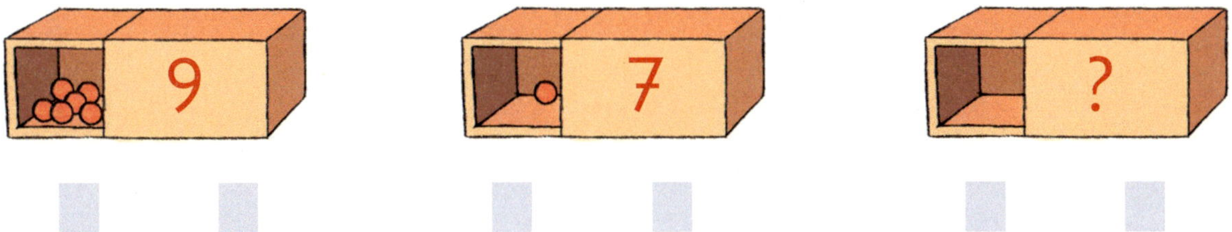

6

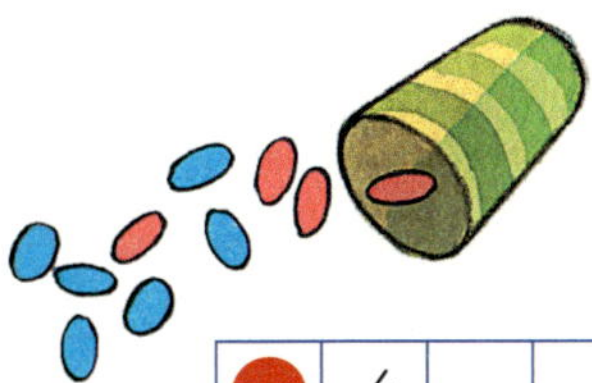

Immer 9

●	5					
●	4					

Immer 10

●	4					
●	6					

1 bis 5: Mengenzerlegungen erfassen; Zahlen zuordnen
6: Systematisches Zerlegen von 9 und 10 – alle Möglichkeiten mit Plättchen legen

Vorgänger und Nachfolger

1

1 | 1 + 1 = 2 | 2 + 1 | 3 + 1 | 4 + 1 | 5 + 1 | 6 + 1 | 7 + 1 | 8 + 1 | 9 + 1

MERKE DIR

Vorgänger (V)	Zahl	Nachfolger (N)
3	4	5

4 liegt zwischen 3 und 5

2 Nenne den Vorgänger.

□ 6 | □ 2 | □ 10 | □ 8 | □ 9 | □ 5 | □ 6

3 Nenne den Nachfolger.

7 □ | 9 □□ | 5 □ | 6 □ | 3 □ | 1 □ | 8 □

4 Nenne den Vorgänger und den Nachfolger von:

□ 5 □ | □ 9 □□ | □ 6 □ | □ 2 □ | □ 7 □

5

1: Die Begriffe „Vorgänger" und „Nachfolger" kennen lernen; Nachfolger bestimmen
2 bis 5: Vorgänger und Nachfolger bestimmen

1

2

Vorgänger (V)	Zahl	Nachfolger (N)
	4	
	7	
	9	
	8	
	5	

3

V	Z	N
6		
8		
4		
7		
3		
5		

4

V	Z	N
	3	
7		
		10
	6	
4		
		8

5

	7	

	5	

	8	

3		

		8

	4	

6

	5	6	

	8	9	

7			10

3		5	

1			4		6			9	

	2			5			8		

WIEDERHOLE

1. Zähle weiter bis 10.
   3, 4, 5, …
2. Zähle rückwärts bis 1.
   7, 6, …
3. Zähle von 4 bis 8.
4. Setze das richtige Zeichen: < = >.

5 ◯ 2 7 ◯ 9 10 ◯ 8 6 ◯ 8 4 ◯ 2 7 ◯ 7

6 ◯ 5 + 1 4 ◯ 2 + 2 3 + 3 ◯ 5 1 + 1 ◯ 3

1: Fehlende Zahlen zuordnen 2 bis 4: Vorgänger und Nachfolger in Tabellen eintragen
5 und 6: Zahlenfolgen vervollständigen
W: 1 bis 3: Zählen 4: Relationszeichen setzen; Zahlen mit Summen vergleichen

Der Zahlenstrahl

1 Erfinde Zahlenreime.

2 Zeige am Zahlenstrahl:

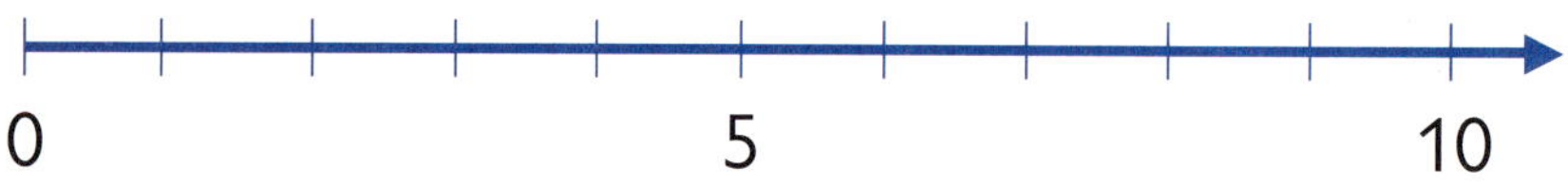

- Den Vorgänger von 8, 1, 3, 10, 5
- Den Nachfolger von 9, 6, 3, 0

3

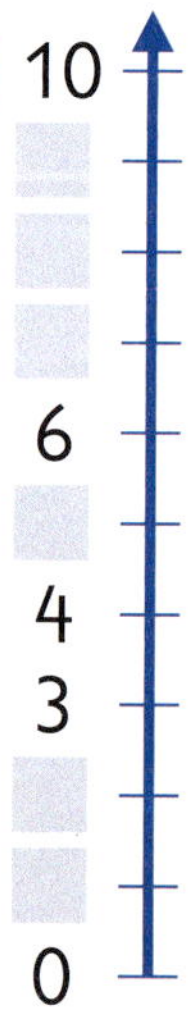

4

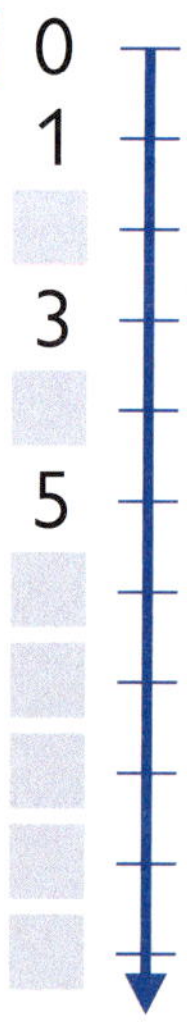

Welche Zahlen fehlen auf dem Zahlenstrahl? Schreibe sie auf.

5

6

2: Zahlen am Zahlenstrahl zeigen
3 und 4: Fehlende Zahl nennen
5 und 6: Zahlen nennen und vergleichen

Nach rechts (→) oder nach links (←)?

1 von der 6 zur 8 **2** ______ nach → ______

2 von der 1 zur 9 ☐ ______ nach ______

3 von der 10 zur 5 ☐ ______ nach ______

4 von der 7 zur 4 ☐ ______ nach ______

5 von der 3 zur 0 ☐ ______ nach ______

Zeichne einen Zahlenstrahl. Trage die Zahl 7 rot an.

6 Trage alle Zahlen, die größer als 7 sind, blau an.

7 Trage alle Zahlen, die kleiner als 7, aber größer als 3 sind, gelb an.

Welche Zahl steht da?

8 Rechts von der 6 steht die ☐.

9 Links von der 5 steht die ☐.

10 Rechts von der 0 steht die ☐.

11 Zwischen der 7 und der 9 steht die ☐.

1 bis 5: Anzahl der Schritte und Richtung angeben
6 und 7: Zahlenstrahl zeichnen, Zahlen antragen
8 bis 11: Zahlen angeben

Ordnungszahlen

1

1. 2. 3. 4. 5. 6. 7. 8. 9. 10.

2

☐ ☐ ☐ ☐ ☐ 4. 3. ☐ ☐

3

☐ 2. ☐ ☐ ☐ 6.

4

☐ ☐ ☐ ☐

5

☐ ☐ ☐ ☐ ☐

1

3. ☐ ☐ ☐ ☐ 2. ☐ ☐ ☐ ☐

2

3

☐ ☐ ☐ ☐ ☐

☐ ☐ ☐ ☐ ☐

Addieren bis 10

1

3 + 3 = □

□ + □ = 7

2 Lege und rechne.

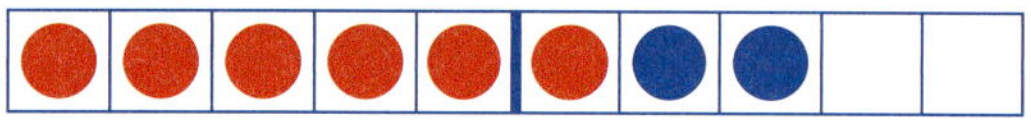

6 + 2 = □

3 + □ = 8

Lege und rechne.

5 + 2 = □

2 + 4 = □

3 Rechne.

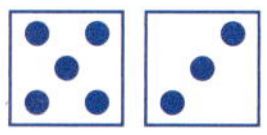

5 + 3 = □

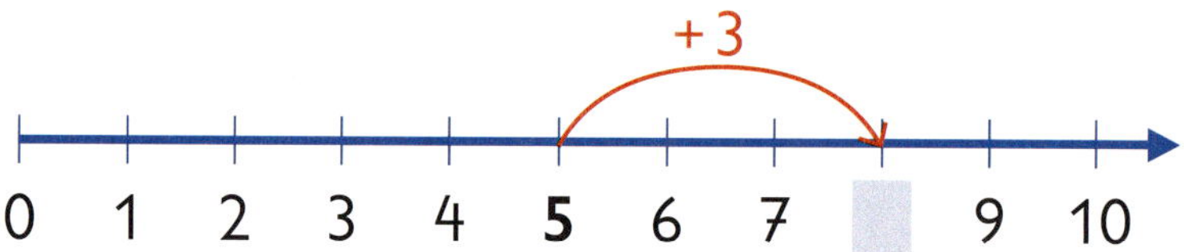

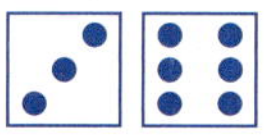

3 + □ = □

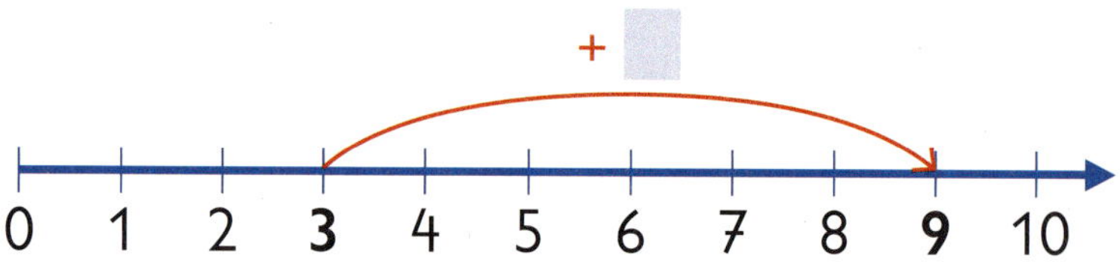

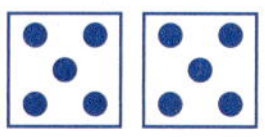

□ + □ = □□

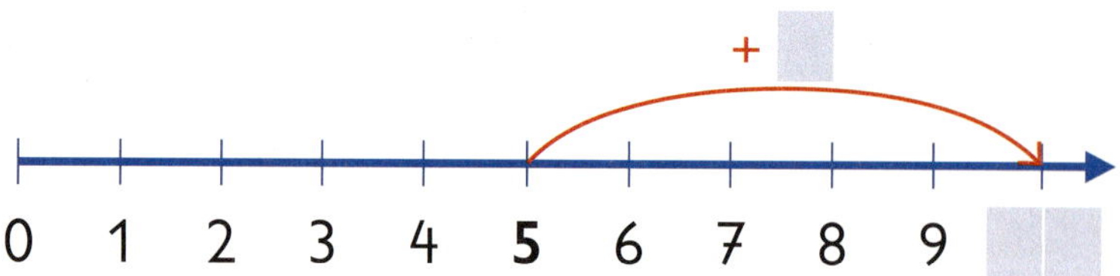

1 und 2: Addieren unter Verwendung des Zehnerstreifens (Plättchen legen, malen)
3: Addieren am Zahlenstrahl

1 Rechne.

4 + 3 = ☐ 2 + ☐ = ☐ ☐ + ☐ = ☐ ☐ + ☐ = ☐☐

2
2 + 4 = ☐☐
3 + 4 = ☐☐
4 + 4 = ☐☐
5 + 4 = ☐☐
6 + 4 = ☐☐

3
4 + 5 = ☐
3 + 5 = ☐
2 + 5 = ☐
1 + 5 = ☐
0 + 5 = ☐

4
3 + 3 = ☐☐
3 + 4 = ☐☐
3 + 5 = ☐☐
3 + ☐ = ☐☐
☐ + ☐ = ☐☐

5
7 + 0 = ☐
6 + 1 = ☐
5 + 2 = ☐
4 + ☐ = ☐
☐ + ☐ = ☐

6
3 + 4 = ☐☐
2 + 6 = ☐☐
8 + 2 = ☐☐
1 + 4 = ☐☐
5 + 3 = ☐☐

7
6 + 2 + 1 = ☐☐
3 + 4 + 1 = ☐☐
2 + 2 + 2 = ☐☐
4 + 3 + 3 = ☐☐
1 + 3 + 6 = ☐☐

8
4 + 1 + ☐ = 10
☐ + 2 + 2 = 8
5 + 3 + ☐ = 10
3 + 3 + ☐ = 9
6 + ☐ + 2 = 9

9 Immer 10. Lege und rechne.

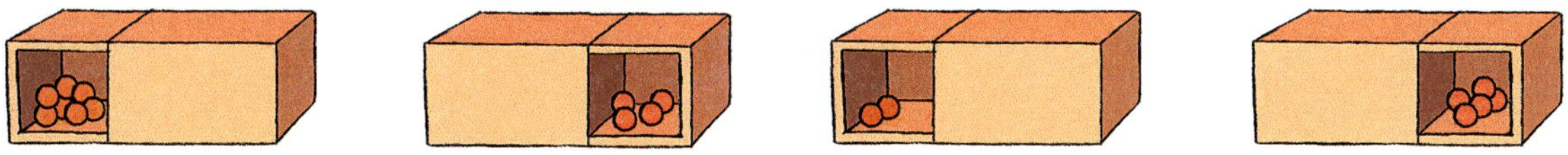

7 + ☐ = 10 ☐ + 4 = 10 ☐ + ☐ = ☐☐ ☐ + ☐ = ☐☐

10 Die Summe ist 9. Ein Summand ist 6. Wie heißt der zweite Summand?

WIEDERHOLE

3 + 2 = ☐ 3 + 2 = ☐ 4 + ☐ = ☐ 6 + 1 = ☐
2 + 3 = ☐ 2 + ☐ = ☐ 0 + ☐ = ☐ ☐ + ☐ = ☐

1: Aufgaben zuordnen und lösen 2 bis 8: Summe und Summanden bestimmen 9: Aufgaben zuordnen und lösen 10: Begriffe „Summe“ und „Summand“ verstehen; Aufgabe finden und lösen
W: Aufgabe und Tauschaufgabe erkennen und lösen

Tauschaufgaben

1

☐ + ☐ = ☐
☐ + ☐ = ☐

☐ + ☐ = ☐
☐ + ☐ = ☐

MERKE DIR

Die **Summanden** kannst du vertauschen.
Die Summe bleibt gleich.

2 Lege und rechne. Bilde die Tauschaufgabe.

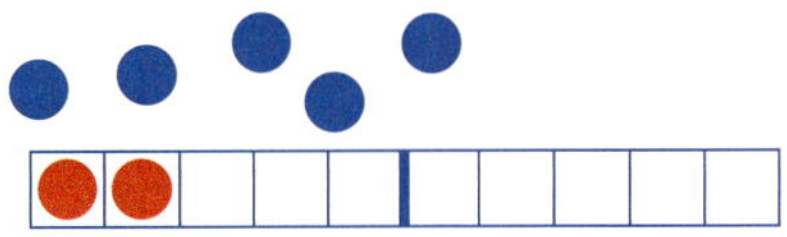

2 + 5 = ☐ 1 + 6 = ☐ 3 + 5 = ☐ 2 + 7 = ☐ 3 + 6 = ☐

3 Rechne und bilde die Tauschaufgabe.

4 + 5 = ☐ 2 + 6 = ☐ 0 + 7 = ☐ 1 + 8 = ☐ 3 + 7 = ☐☐

Rechne. Kontrolliere selbst.

4

6 + 4 = ☐☐
4 + 6 = ☐☐

3 + 5 = ☐☐
5 + 3 = ☐☐

1 + 8 = ☐☐
8 + 1 = ☐☐

5

2 + 6 = ☐
☐ + ☐ = ☐

5 + 2 = ☐
☐ + ☐ = ☐

6 + 0 = ☐
☐ + ☐ = ☐

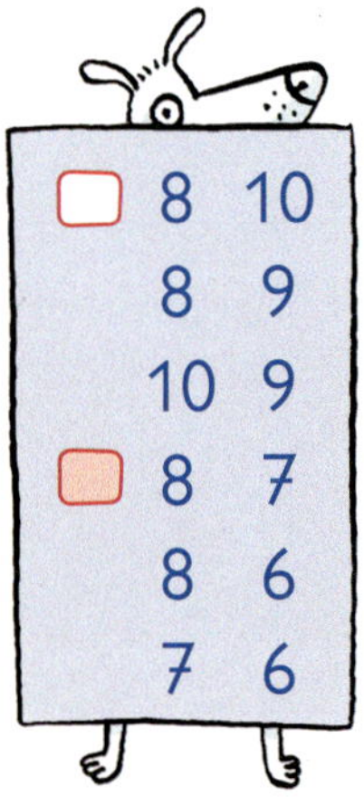

6

☐ + ☐ = 7
☐ + ☐ = ☐

☐ + ☐ = 9
☐ + ☐ = ☐

☐ + ☐ = 10
☐ + ☐ = ☐☐

1: Situationen beschreiben; Tauschaufgaben erkennen und lösen
2: Aufgaben legen und rechnen; Tauschaufgaben bilden 3: Tauschaufgabe finden und im Heft rechnen
4 und 5: Rechnen und selbst kontrollieren 6: Verschiedene Lösungen finden

1 Welche Aufgaben haben das gleiche Ergebnis? Begründe.

3 + 1	1 + 7	4 + 3	1 + 9	3 + 4	6 + 3
3 + 6	4 + 5	1 + 3	7 + 1	9 + 1	5 + 4

2 Berechne die Summen. Was stellst du fest?

3 + 7	4 + 5	1 + 6	2 + 8	3 + 4	7 + 0
7 + 3	5 + 4	6 + 1	8 + 2	4 + 3	0 + 7

3 Schreibe zu jeder Aufgabe die Tauschaufgabe auf.
Löse alle Aufgaben.

3 + 4	5 + 4	1 + 9	2 + 5	6 + 3	0 + 6
1 + 6	2 + 7	2 + 4	3 + 2	2 + 8	10 + 0

4
6 + ☐ = 9
3 + ☐ = 9
4 + ☐ = 7
2 + ☐ = 7
4 + ☐ = 8

5
☐ + 3 = 8
☐ + 6 = 8
☐ + 4 = 9
☐ + 5 = 9
☐ + 3 = 6

6
3 + ☐ = 7
☐ + 5 = 8
☐ + 6 = 9
4 + ☐ = 10
☐ + 1 = 6

☐	5	4	3	3	6
☐	4	5	2	5	3
	3	4	6	5	3

7
Rechenmauer: oben ☐; Mitte ☐ ☐; unten 2, 1, 5

8
Rechenmauer: oben ☐; Mitte 3, ☐; unten 1, ☐, 2

9
Rechenmauer: oben 9; Mitte ☐ ☐; unten 4, ☐, 3

WIEDERHOLE

Wahr oder falsch?

6 ist der Vorgänger von 7.
0 ist der Vorgänger von 1.
7 ist der Nachfolger von 8.
6 liegt zwischen 5 und 7.

1: Aufgabepaare erkennen 2: Begriff „Summe“ verstehen; Gleichheit der Ergebnisse erkennen
3: Tauschaufgaben finden, Aufgaben und Tauschaufgaben lösen und selbstständig kontrollieren
4 bis 6: Addieren 7 bis 9: Rechenmauern lösen W: Wahrheitsgehalt prüfen

Subtrahieren bis 10

1

MERKE DIR

Minuend — Subtrahend — Differenz

7 − 6 = 1

(7 bis 6: Differenz)

2

8 − 1 = ☐

7 − 6 = ☐

3 Lege und rechne.

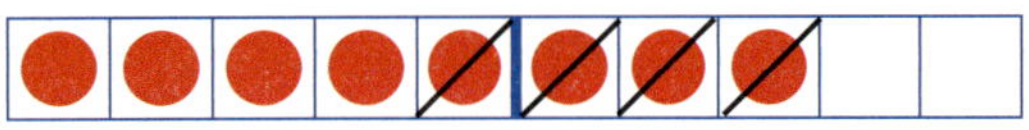

8 − 4 = ☐

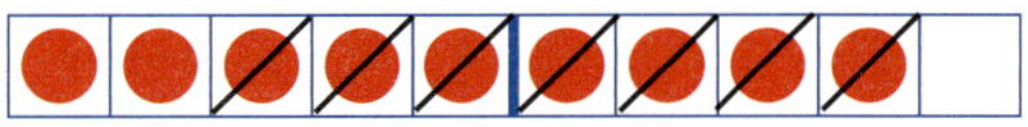

9 − 7 = ☐

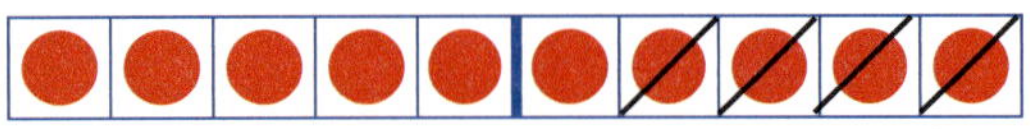

☐☐ − ☐ = ☐

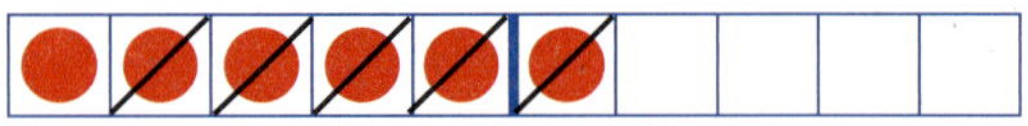

☐ − ☐ = ☐

4

10 − 2 = ☐
6 − 3 = ☐
4 − 4 = ☐

5

8 − 4 = ☐
7 − 5 = ☐
9 − 6 = ☐

6

9 − 5 = ☐
6 − 5 = ☐
10 − 8 = ☐

1: Subtraktionsaufgaben im Bild finden und lösen 2: Subtraktionsaufgaben lösen
3: Subtraktionsaufgaben finden, legen und lösen 4 bis 6: Subtraktionsaufgaben evtl. legen und lösen

AH 24 | **TÜ** 23

1

□□ − □ = □ □ − □ = □ □ − □ = □

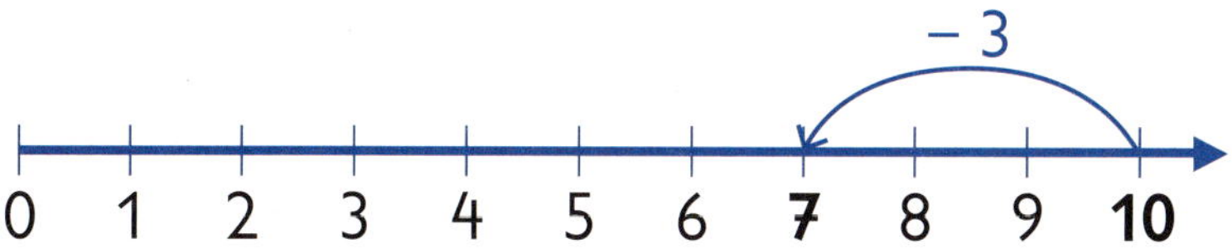

10 − 3 = 7

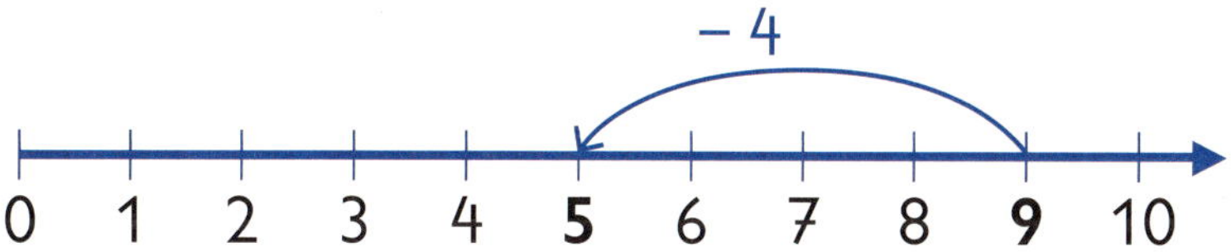

9 − 4 = □

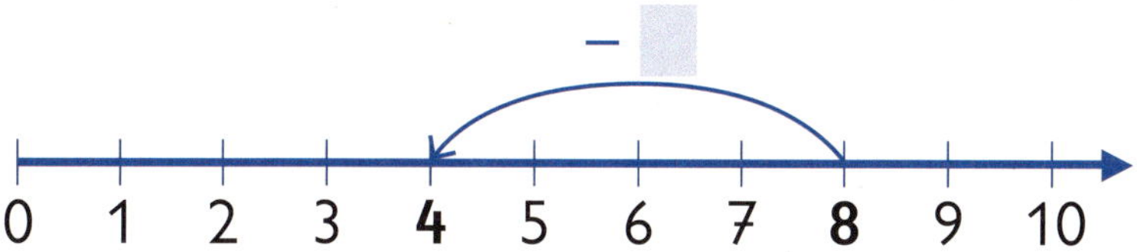

8 − □ = 4

Rechne und kontrolliere selbst.

2
7 − 6 = □
10 − 8 = □
9 − 4 = □
8 − 6 = □
5 − 4 = □

3
5 − □ = 1
9 − □ = 5
10 − □ = 4
3 − □ = 1
7 − □ = 2

4
□□ − 3 = 5
□□ − 4 = 1
□□ − 6 = 2
□□ − 8 = 1
□□ − 5 = 5

5
6 —(− 4)→ □ 9 —(− 4)→ □
5 —(− 3)→ □ 10 —(− 4)→ □

6
□ —(− 5)→ 3 7 —(− □)→ 5
□□ —(− 5)→ 5 9 —(− □)→ 7

7
10
7 □
□ 3 □

8
9
6 □
□ □ □

9
8
□ □
□ □ □

Umkehraufgaben

1

10 − 2 = ___ 8 + 2 = ___

2 Lege und rechne die Aufgabe und die Umkehraufgabe.

9 − 3 = ___
6 + 3 = ___

2 + 5 = ___
___ − 5 = ___

7 − 5 = ___
2 + 5 = ___

8 − 4 = ___
___ + ___ = ___

10 − 4 = ___
___ + 4 = ___

10 − 9 = ___
___ + ___ = ___

3 + 4 = ___
___ − 4 = ___

2 + 6 = ___
___ − ___ = ___

3 Rechenmauer: oben ___; Mitte ___ ___; unten 2 | 3 | 1

4 Rechenmauer: oben ___; Mitte 6 | ___; unten 3 | ___ | 1

5 Bilde selbst Rechenmauern.

2 7 1 6 1 9

6

+	2	3	4
6			
3			
5			

7

−	3	6	7
8			
9			
7			

8

+	5	1	6
	9		
3			
		3	

☐ 8 5 9 7 10 9 6 7 8 5 2 6 4 1 3 2 1 0
■ 4 7 5 8 2 10 4 9 8

Rechne. Kontrolliere mit der Umkehraufgabe.

9

4 + 5 = ___
6 + 3 = ___
1 + 7 = ___
4 + 3 = ___

10 − 4 = ___
9 − 5 = ___
8 − 5 = ___
3 − 0 = ___

10

2 + ___ = 9
___ − 8 = 2
6 − 6 = ___
5 + ___ = 9

1 + 4 = ___
9 − 8 = ___
4 + 6 = ___
10 − 0 = ___

1 und 2: Aufgabe und Umkehraufgabe finden, aufschreiben und lösen
3 bis 5: Rechenmauern lösen 6 bis 8: Rechentabellen lösen
9 und 10: Aufgabe und Umkehraufgabe lösen

AH 25 | TÜ 23

1 Rechne und ordne zu.

7 – 4	1 + 3	8 – 5	1 + 6	8 – 4	8 – 2

3	6	4	7

0 + 7	2 + 4	10 – 3	10 – 6	1 + 2	9 – 6

2

8	6
2 + 6	6 + ___
7 + ___	___ + 1
8 + ___	___ + ___
5 + ___	___ + ___
4 + ___	___ + ___

3

6	2
10 – ___	9 – 7
7 – ___	___ – 6
9 – ___	___ – ___
8 – ___	___ – ___
6 – ___	___ – ___

4

4 —(+ 6)→ 10 10 —(– 4)→ 6

8 —(+ ___)→ 10 8 —(– ___)→ 4

3 —(+ ___)→ 8 3 —(– ___)→ 0

5

9 —(○ ___)→ 5 7 —(○ ___)→ 1

4 —(○ ___)→ 10 4 —(○ ___)→ 9

1 —(○ ___)→ 7 7 —(○ ___)→ 2

6

3 + 2 + 4 = ___

1 + 3 + 4 = ___

2 + 1 + 5 = ___

6 + 2 + 2 = ___

4 + 3 + 3 = ___

7

3 + 2 + ___ = 10

2 + 1 + ___ = 9

3 + 3 + ___ = 9

1 + 2 + ___ = 5

3 + 2 + ___ = 7

8

3 + ___ + 4 = 10

2 + 3 + ___ = 9

1 + ___ + 4 = 7

2 + 2 + ___ = 6

1 + ___ + 3 = 10

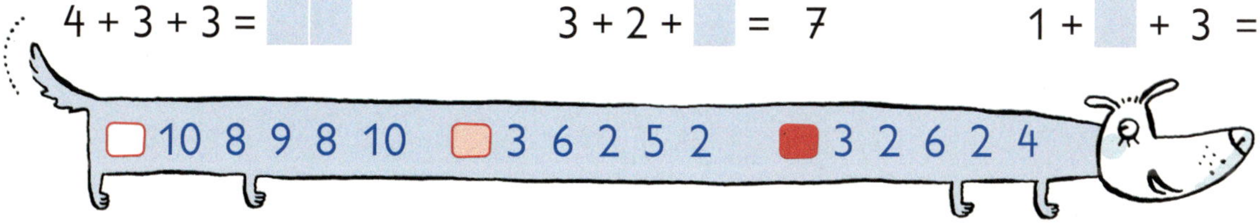

1: Aufgaben den Lösungskästen zuordnen 2 und 3: Rechenhäuser lösen
4 und 5: Rechenbefehle: Rechenzeichen und Lösungen finden
6 bis 8: Aufgaben mit drei Summanden lösen

Addieren und Subtrahieren – Aufgabenfamilien

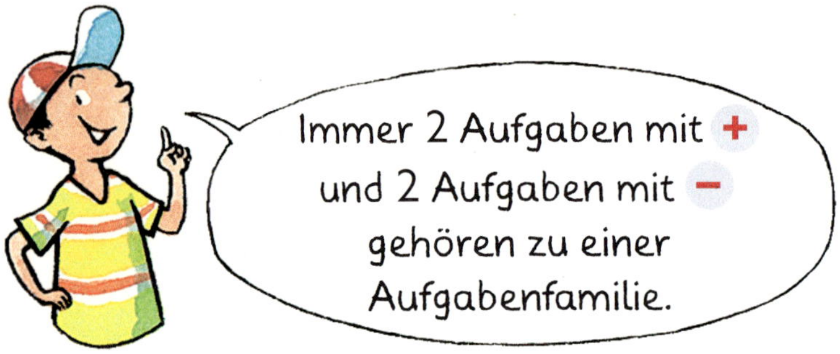

5 + 3 = 8   8 − 3 = 5
3 + 5 = 8   8 − 5 = 3

1 (5) (2) (3)

2 + 3 = ☐
3 + 2 = ☐
5 − 3 = ☐
5 − 2 = ☐

2 (4) (9) (5)

☐ + ☐ = 9
☐ + ☐ = ☐
9 − ☐ = ☐
☐ − ☐ = ☐

3 (4) (7) (3)

☐ + ☐ = ☐
☐ + ☐ = ☐
☐ − ☐ = ☐
☐ − ☐ = ☐

Bilde Aufgabenfamilien.

(2) (6) (4)

2 + 4 = 6   6 − 4 = 2
4 + 2 = 6   6 − 2 = 4

4 (3) (5) (8) | (3) (9) (6)

5 (2) (5) ( ) | ( ) (4) (5)

6 ( ) ( ) (3) | ( ) (9) ( )

7 Tom behauptet: Mit (3), (5), (9) kann man keine Aufgabenfamilie bilden. Stimmt das? Begründe.

8

7 − 3 − 2 = ☐
9 − 6 − 2 = ☐
8 − 4 − 4 = ☐
6 − 3 − 1 = ☐
5 − 2 − 2 = ☐

9

10 − 4 − ☐ = 5
9 − 5 − ☐ = 1
8 − 1 − ☐ = 6
6 − 3 − ☐ = 1
7 − 3 − ☐ = 2

10

10 − ☐ − 3 = 4
6 − ☐ − 2 = 1
☐ − 2 − 3 = 4
8 − 4 − ☐ = 3
☐ − 2 − 3 = 2

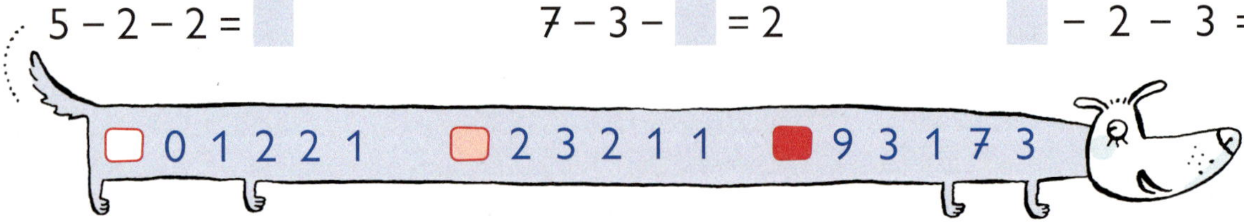

1 bis 4: Aufgabenfamilien finden   5 und 6: Fehlende Zahlen finden und Aufgabenfamilien bilden
7: Nicht-Lösbarkeit begründen   8: Mit drei Zahlen addieren/subtrahieren
9 und 10: Subtrahend/Minuend finden

AH 26 | TÜ 25

Sachaufgaben – Rechengeschichten erzählen

1

☐ ◯ ☐ = ☐

2

☐ ◯ ☐ = ☐

3

☐ ◯ ☐ = ☐

4

☐ ◯ ☐ = ☐

5

☐ ◯ ☐ = ☐☐

1 bis 5: Zu den Bildern erzählen, Aufgaben finden und lösen

Gleichungen und Ungleichungen

	3 + 5		9			7 − 4		1
wenn	8	<	9		wenn	3	>	1
dann ist	3 + 5	<	9		dann ist	7 − 4	>	1

1 Setze das richtige Zeichen: < = >.

3 + 4	10		8 + 2	9		7 − 0	9		9 − 3	6
6 + 3	9		9 + 0	10		10 − 3	6		8 − 5	2
0 + 7	7		2 + 7	9		9 − 1	7		10 − 10	1
5 + 0	5		8 + 2	10		7 − 7	0		8 − 3	4

2 Wahr w oder falsch f ?

6 + 3 < 9   10 − 4 < 5

4 + 2 > 5   9 − 0 = 9

3 4 + 5 > 1 + 2   2 + 5 > 8 − 4

9 − 6 = 5 − 2   9 − 6 < 3 + 2

Finde alle Lösungen.

5 + ☐ < 8
5 + 0 < 8
5 + 1 < 8
5 + 2 < 8

4

3 + ☐ < 6
6 + ☐ < 9
1 + ☐ < 7
4 + ☐ = 8

5

10 − ☐ < 7
9 − ☐ = 4
8 − ☐ > 2
10 − ☐ > 6

WIEDERHOLE

1. 3 + 4   2 + 8   7 + 3   5 + 5
2. 10 − 4   9 − 9   8 − 6   6 − 3
3. Bilde Aufgabenfamilien.
   a) 3, 5, 8   b) 10, 7, 3
4. Setze das richtige Zeichen: < = >.
   9 ◯ 4   7 ◯ 10   6 ◯ 6   8 ◯ 4   2 ◯ 0
5. Berechne die Differenz. Der Minuend ist 9, der Subtrahend 2.

1: Summe berechnen, Relationszeichen setzen 2 und 3: Ungleichungen und Gleichungen auf Wahrheitsgehalt prüfen 4 und 5: Lösungen ermitteln und begründen

AH 29 | TÜ 27–28

1

2

3

4 + ☐ < 10
4 + ☐ < 10
4 + ☐ < 10
4 + ☐ < 10
4 + ☐ < 10
4 + ☐ < 10

9 − ☐ > 4
9 − ☐ > 4
9 − ☐ > 4
9 − ☐ > 4
9 − ☐ > 4

4

8 − ☐ > 5
3 + ☐ < 7
10 + ☐ = 10
3 + ☐ < 4
6 + ☐ = 6
9 − ☐ < 4

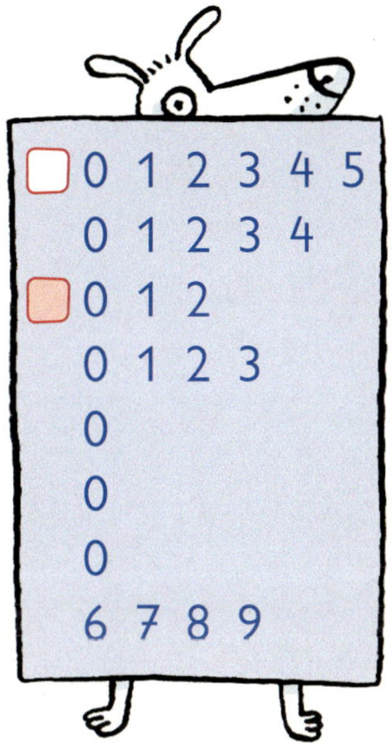

5 Die Summanden sind 2, 5 und 3.
Berechne die Summe.

6 Berechne die Differenz aus: 7 und 4 | 10 und 6 | 9 und 9 | 8 und 0.

7 4 Aufgaben – ein Ergebnis

6 − 1 = ☐ | 5 + 0 = ☐
5 − 0 = ☐ | 4 + 1 = ☐

2 + 4 = ☐ | 6 + 0 = ☐
6 − 0 = ☐ | 5 + 1 = ☐

8 Setze das richtige Zeichen: < = >.

6 + 3 ◯ 10
2 + 7 ◯ 9

8 ◯ 10 − 4
7 ◯ 9 − 1

3 + 4 ◯ 2 + 6
9 − 5 ◯ 3 + 2

1 und 2: Additions- bzw. Subtraktionsaufgaben finden und lösen 3 und 4: Platzhalter belegen
5 und 6: Begriffe verstehen; Aufgaben bilden und lösen 7: Ergebnis finden; Gleichheit feststellen
8: Relationszeichen setzen

Geldwerte von 1 Cent bis 10 Cent

MERKE DIR

Du sprichst: ein Cent
Du schreibst: 1 ct

1

10 ct   10 ct   ☐ ct   ☐ ct

2

☐ ct

☐☐ ct

3

☐ ct   ☐ ct   ☐ ct   ☐ ct   ☐ ct

4

☐ ct   ☐ ct   ☐☐ ct   ☐ ct   ☐ ct

Lege die Geldbeträge mit verschiedenen Münzen.

1

4 ct	
4 ct	
4 ct	

2

5 ct	
5 ct	
5 ct	
5 ct	

3

6 ct	
6 ct	
6 ct	
6 ct	
6 ct	

Lege die Geldbeträge und rechne.

4
7 ct + 2 ct = ___ ct
3 ct + 6 ct = ___ ct
2 ct + 8 ct = ___ ct
5 ct + 5 ct = ___ ct

5
7 ct + ___ ct = 9 ct
3 ct + ___ ct = 9 ct
2 ct + ___ ct = 10 ct
8 ct + ___ ct = 8 ct

10 ct 9 ct
9 ct 10 ct
0 ct 6 ct
8 ct 2 ct

6
9 ct − 4 ct = ___ ct
8 ct − 5 ct = ___ ct
5 ct − 1 ct = ___ ct
10 ct − 5 ct = ___ ct

7
10 ct − ___ ct = 3 ct
8 ct − ___ ct = 2 ct
7 ct − ___ ct = 0 ct
6 ct − ___ ct = 6 ct

3 ct 5 ct
4 ct 5 ct
6 ct 7 ct
7 ct 0 ct

8
___ ct + 2 ct = 6 ct
___ ct + 4 ct = 8 ct
___ ct − 5 ct = 0 ct
___ ct − 8 ct = 1 ct

9
2 ct + 3 ct + ___ ct = 10 ct
2 ct + ___ ct + 2 ct = 9 ct
10 ct − 2 ct − ___ ct = 1 ct
8 ct − ___ ct − 2 ct = 0 ct

9 ct 4 ct
5 ct 4 ct
7 ct 5 ct
6 ct 5 ct

10 Die Summanden sind 4 ct, 3 ct und 2 ct. Berechne die Summe.

WIEDERHOLE

3 + 7 = ___ 7 + 2 = ___ 6 + 0 = ___ 9 − 0 = ___ 10 − 9 = ___
6 + 4 = ___ 3 + 5 = ___ 1 + 8 = ___ 7 − 5 = ___ 6 − 5 = ___

1 bis 3: Beträge mit verschiedenen Münzen legen
4 bis 9: Beträge ermitteln
10: Begriffe verstehen; Gleichung bilden und lösen

Geldwerte von 1 Euro bis 10 Euro

MERKE DIR
Du sprichst: ein Euro
Du schreibst: 1 €

1 Lege mit Rechengeld. Finde verschiedene Möglichkeiten.

3 €

 oder 

 6 €	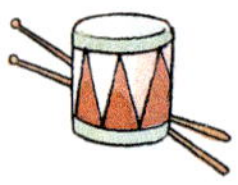 8 €	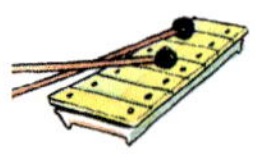 9 €	 4 €

2 Wie viel musst du bezahlen?

3 € + 6 € = 9 €

▢ € + ▢ € = ▢ €

▢ € + ▢ € = ▢▢ €

▢ € + ▢ € = ▢ €

▢ € + ▢ € = ▢ €

▢ € + ▢ € = ▢▢ €

1: Geldbeträge legen; verschiedene Möglichkeiten besprechen
2: Geldbeträge addieren

1 Lege immer 10 Euro.

Lisa legt so:

Finde andere Möglichkeiten.

2 Bezahle auf verschiedene Weise.

4	1	/

/	2	1

3
8€ + 1€ = ☐ €
3€ + 3€ = ☐ €
3€ + ☐ € = 8€
1€ + ☐ € = 5€
5€ + ☐ € = 10€

4
7€ − 4€ = ☐ €
9€ − 6€ = ☐ €
6€ − ☐ € = 3€
10€ − ☐ € = 6€
3€ − ☐ € = 3€

5
☐ € + 2€ = 9€
☐ € + 4€ = 5€
☐ € + 3€ = 10€

☐☐ € − 6€ = 4€
☐☐ € − 9€ = 1€
☐☐ € − 6€ = 0€

6 Was kannst du für 10€ kaufen?

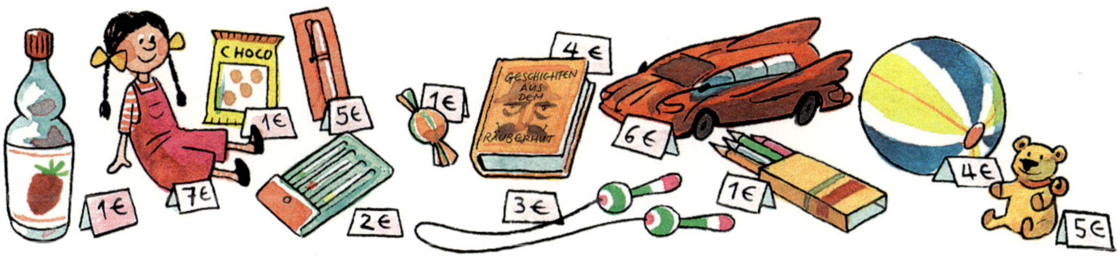

Würfel, Quader, Kugel

1

Welche dieser Gegenstände haben diese Formen?

Würfel

Quader

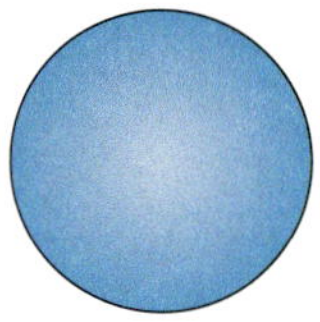

Kugel

2 Forme diese Körper aus Knete.

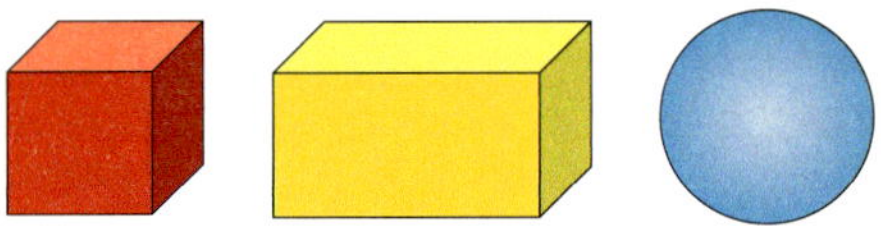

3 Welche Körper
- können gestapelt werden,
- können stehen und kippen,
- können rollen?

Probiere es aus.

1: Gegenstände als „Würfel“, „Quader“ oder „Kugel“ identifizieren
2: Körper aus Knete formen
3: Eigenschaften der Körper durch handelndes Tätigsein finden

AH 34 | **TÜ** 31

Baue nach und zähle.

1

☐ Würfel

☐ Würfel

☐ Würfel

2

☐ Würfel

☐ Würfel

☐ Würfel

3 Baue immer mit 9 Würfeln fünf verschiedene Würfelbauten.

4 Schreibe die Baupläne.

3 2

☐ ☐

☐ ☐ ☐

☐ ☐ ☐

5 Ordne zu.

1	4	1

3	1

2	2

3	1	1

1 bis 2: Würfelbauten nachbauen und Anzahl der Würfel bestimmen
3: Fünf unterschiedliche Würfelbauten bauen, dazu neun Würfel verwenden
4: Baupläne erstellen 5: Baupläne den Würfelbauten zuordnen, evtl. selbst erstellen

1 Zählreime

Erfinde Zählreime.
Beispiel:

3, 4, 5, 6 – …   7, 8, 9, 10 – …   4, 3, 2, 1 – …   5, 4, 3, 2 – …

2

Du nennst eine Zahlenfolge. Dein Partner findet dazu einen Reim.

3 Rechenmauern

Berechnet den Zielstein.

Du rechnest: 2 | 3 | 1

Dein Partner rechnet: 1 | 3 | 2

Was stellt ihr fest?

4 Baumeister gesucht

Baut mit diesen Grundsteinen verschiedene Rechenmauern.

1   2   4

5 Aufgaben würfeln

Du würfelst mit zwei Würfeln.
Dein Partner nennt die verdeckten Augenzahlen.
Du bildest dazu eine Aufgabe mit + und eine Aufgabe mit –.

Beispiel:

4   6

4 + 6 = 10   6 – 4 = 2

1 und 2: Zählreime erfinden   3: Rechenmauern lösen; Ergebnisse vergleichen   4: Verschiedene Rechenmauern bilden   5: Verdeckte Augenzahl bestimmen; Aufgaben bilden und lösen. Inklusion: AB 1/B, S. 15

Zehn gewinnt

1 Zwei Kinder ziehen abwechselnd eine Karte. Wer zuerst die Summe 10 bilden kann, hat gewonnen.

Zahlzerlegung

2 Ein Kind zeigt eine Zahlenkarte. Die anderen Kinder zeigen mögliche Zahlzerlegungen.

Bauen mit Würfeln

3 Du baust mit 5 (6, 7, 8) Würfeln einen Würfelbau. Dein Partner baut ihn nach.

Bingo

4 Jedes Kind erhält ein Bingofeld. Der Spielleiter zeigt eine Aufgabenkarte. Die Kinder lösen diese Aufgabe und decken die Lösungszahl auf ihrem Bingofeld mit einem Plättchen zu. Gewonnen hat, wer zuerst drei nebeneinanderstehende Zahlen abgedeckt hat. Er ruft: „Bingo!“

2	7	5
9	3	8
4	6	10

9	3	6
2	1	8
4	7	5

10	6	3
5	2	7
9	4	1

8 + 1
2 − 1
7 − 2
4 + 3
4 + 0
10 − 7
5 + 5
3 + 3
10 − 2
4 − 2

1: Summen mit zwei und mehr Summanden bilden. Inklusion: AB 1/B, S. 20 2: Zahlen zerlegen
3: Würfelbauten mit der gegebenen Anzahl von Würfeln bauen 4: Bingo nach Anleitung spielen

Kann ich das schon?

1 Setze das richtige Zeichen: < = >.

7	3		3 + 1	4		3 ct	5 ct		3 € + 2 €	5 €
0	2		7 + 2	8		10 ct	9 ct		6 € + 3 €	10 €
8	9		6 − 3	3		4 ct	2 ct		9 € − 6 €	3 €
5	4		8 − 5	4		7 ct	5 ct		10 € − 5 €	5 €

2 Gib die Vorgänger und Nachfolger der Zahlen 1, 5 und 9 an.

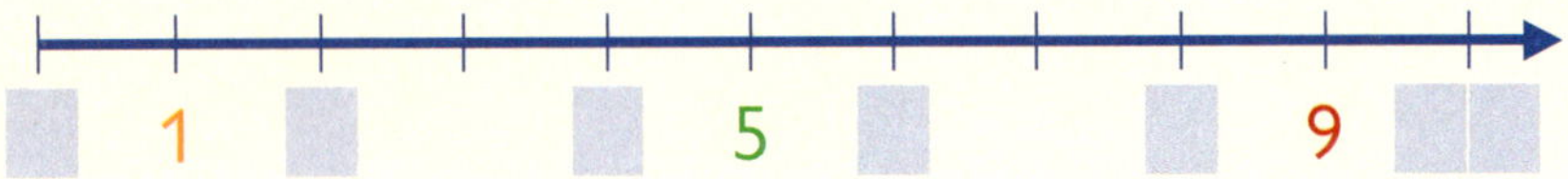

3

7

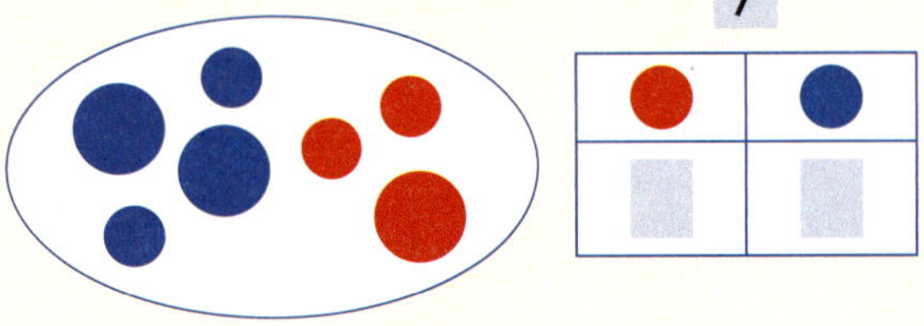

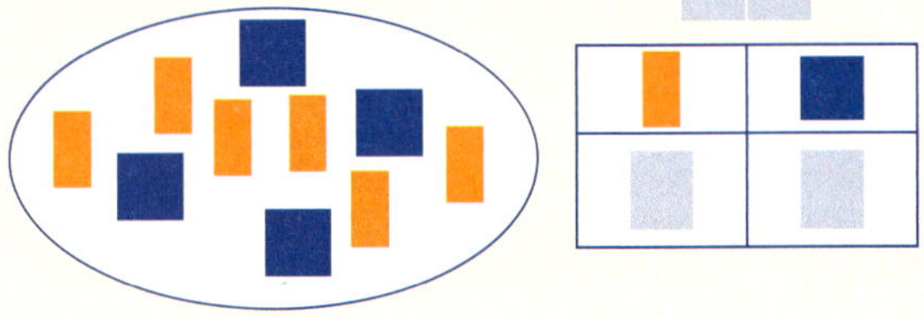

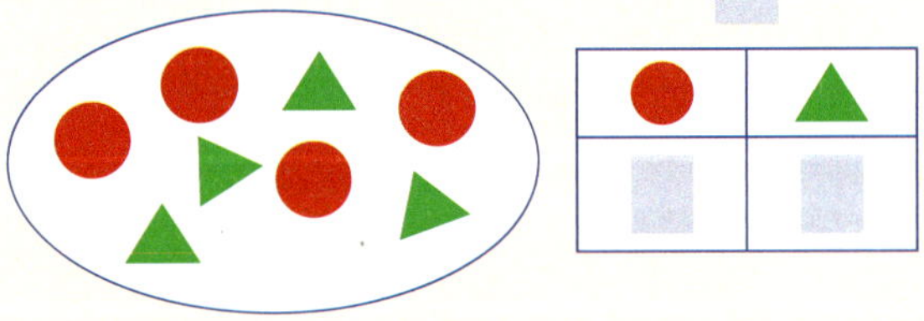

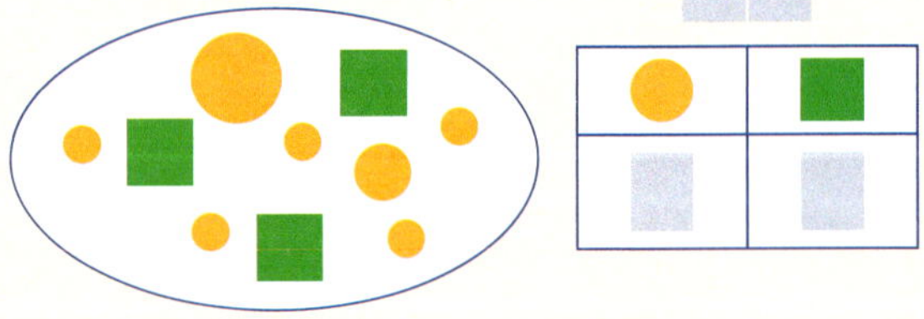

4

7 + 2 = ___	10 − 7 = ___	5 + ___ = 10	10 − ___ = 6
6 + 4 = ___	9 − 6 = ___	3 + ___ = 8	9 − ___ = 2
2 + 8 = ___	8 − 8 = ___	4 + ___ = 9	7 − ___ = 0
10 + 0 = ___	7 − 4 = ___	___ + 4 = 10	___ − 4 = 4
5 + 5 = ___	10 − 5 = ___	___ + 3 = 6	___ − 6 = 3

5

	___	
___		___
2	3	1

6

	___	
7		___
___	0	3

7

	9	
___		4
___	___	2

1

5 + 1 + 2 = ☐ 6 + 2 + ☐ = 9 8 − 3 − 4 = ☐ 7 − ☐ − 4 = 1
4 + 2 + 2 = ☐ 2 + 2 + ☐ = 8 7 − 2 − 5 = ☐ 8 − ☐ − 1 = 4
1 + 6 + 2 = ☐ 4 + 3 + ☐ = 9 9 − 1 − 6 = ☐ 9 − ☐ − 4 = 2

2 Bilde Aufgabenfamilien.

3 6 9 6 8 2 10 7 3

3 Wahr w oder falsch f ?

4 + 3 < 9 10 − 3 = 6 4 + 3 > 2 + 5 7 − 3 > 2 + 3
3 + 5 = 8 9 − 8 > 2 9 − 3 < 10 − 6 4 + 5 < 6 + 4

4 Finde alle Lösungen.

2 + ☐ < 4 10 − ☐ < 7 5 + ☐ > 8 10 − ☐ > 8
7 + ☐ < 10 6 − ☐ < 1 3 + ☐ > 7 6 − ☐ > 3

5 Aufgabe und Umkehraufgabe gesucht

☐ ◯ ☐ = ☐
☐ ◯ ☐ = ☐

☐ ◯ ☐ = ☐
☐ ◯ ☐ = ☐

6 Wie viele Würfel sind es? Baue nach.

☐ Würfel

☐ Würfel

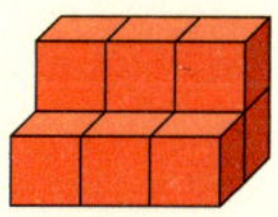

☐ Würfel

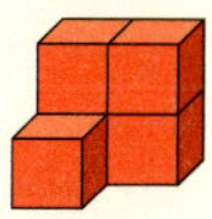

☐ Würfel

Die Zahlen von 11 bis 20

Bild erschließen, Objekte erfassen und Anzahl bestimmen;
Lage der Objekte unter Verwendung von „links", „rechts", „oben", „unten", „über", „neben", „zwischen", „hinter" und „vor" beschreiben

sechzehn	siebzehn	achtzehn	neunzehn	zwanzig
16	17	18	19	20

1

10 + 5 = 15

10 + 5 = 15

Zehner (Z)	Einer (E)
1	5

2

10 + __ = __

10 + __ = __

Zehner (Z)	Einer (E)
1	

3

__ + __ = __

__ + __ = __

Zehner (Z)	Einer (E)

4

Z	E

__ + __ = 11

Z	E

__ + __ = __

Z	E

__ + __ = __

Z	E

__ + __ = __

1 und 2: Zehner und Einer erfassen, Anzahlen in die Stellenwerttafel eintragen
3: Anzahl der Kästchen nach Vorgabe färben
4: Legen nach Vorgabe; Zahlen in die Stellenwerttafel eintragen

Orientieren im Zwanzigerfeld

1	2	3	4	5	6	7	8	9	10
11	12	13	14	15	16	17	18	19	20

1 Start: 3  → → ↓ Ziel: 15

2 Start: 6 → → → ↓ → Ziel:

3 Start: 14 ← ← ↑ → Ziel:

4 Start: 20 ← ↑ ← ← ↓ ← Ziel:

5 Welche Zahlen fehlen?

1			4
11	12		

12	13	14

6				
	17			

1	2	3	4

11		

4	5	6		

6 Zähle in 2er-Schritten.

1	2	3	4	5	6	7	8	9	10	11	12	13	14	15	16	17	18	19	20

7 Zähle in 3er-Schritten.

1	2	3	4	5	6	7	8	9	10	11	12	13	14	15	16	17	18	19	20

1 bis 4: Schrittfolge nach Vorgabe; Zielzahl ermitteln
5: Abgedeckte Zahlen ermitteln
6 und 7: Zählen in angegebener Schrittfolge

AH 37 | TÜ 33

MERKE DIR

<	=	>
ist kleiner als	ist gleich	ist größer als

1 Vergleiche.

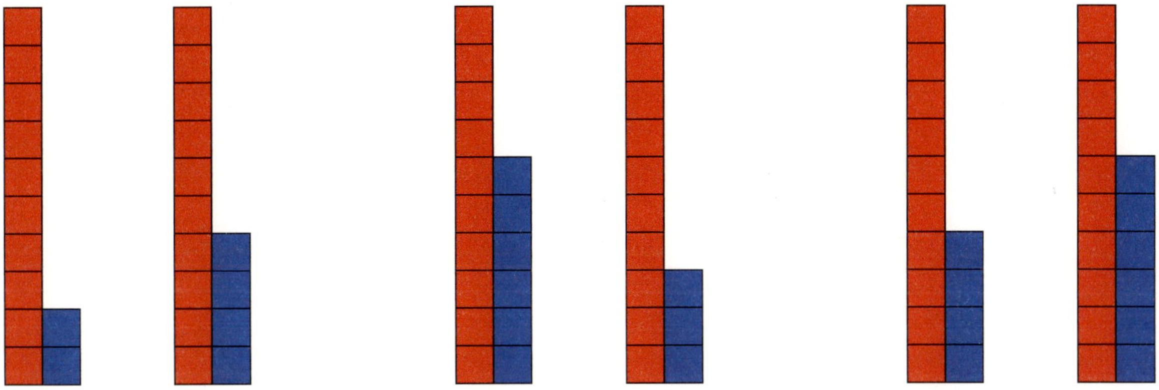

2	<	4	6	>	3			
12	<	14						

2

20 ◯ 15
14 ◯ 14
18 ◯ 16
17 ◯ 10

3

15 ◯ 5
12 ◯ 8
9 ◯ 19
7 ◯ 11

4

19 ◯ 19
13 ◯ 3
16 ◯ 8
6 ◯ 14

5

18 > ☐☐
15 > ☐☐
17 > ☐☐
12 > ☐☐

6 Ordne von der kleinsten zur größten Zahl.

16 ~~9~~ 12 17 13
E T I R G

9				
T				

7 Ordne von der größten zur kleinsten Zahl.

18 14 6 15 20 10 16 4 8
E N R E R W G M U

1: Anzahlen vergleichen, Zahlen zuordnen, Relationszeichen setzen
2 bis 5: Zahlen vergleichen und Relationszeichen setzen
6 und 7: Ordnen nach Vorschrift; Lösungswort finden

Vorgänger und Nachfolger

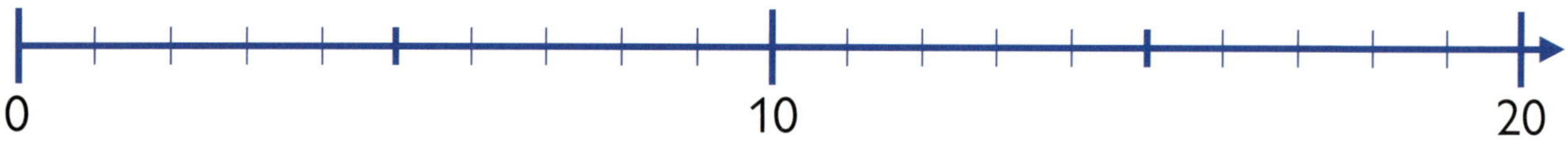

1 Zeige und zähle bis 20.

2 Zeige und kennzeichne: 4, 13, 18, 11, 7, 19, 9.

3 Welche Zahlen liegen zwischen 13 und 17? ___ ___ ___

Welche Zahlen liegen zwischen 11 und 16? ___ ___ ___ ___

Welche Zahlen liegen zwischen 17 und 20? ___ ___

4 Zwischen ___ und ___ liegen die Zahlen 13, 14, 15.

5

V	Z	N
	14	
	17	
	16	
	19	
	13	

6

V	Z	N
11		
14		
		19
		11
	14	

WIEDERHOLE

1 und 2: Zahlen am Zahlenstrahl zeigen und kennzeichnen 3 und 4: Begriff „liegt zwischen" verstehen und entsprechende Zahlen benennen 5 und 6: Vorgänger, Nachfolger oder Zahl bestimmen und eintragen W: Vorgänger, Nachfolger im Zahlenraum bis 10 bestimmen

AH 38 | TÜ 35

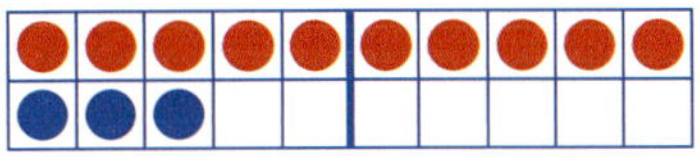

10 + 3 = 13

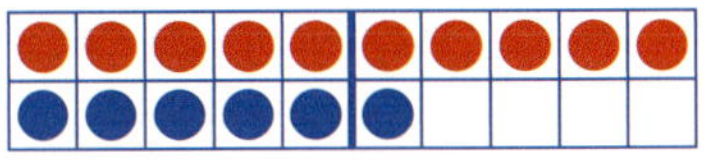

10 + 6 = 16

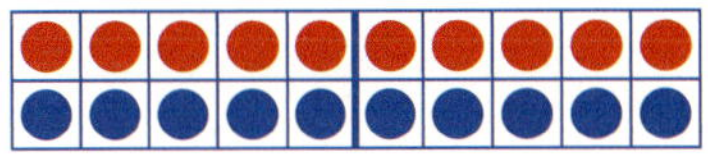

10 + 10 = 20

1

10 + 4 =
10 + 5 =
10 + 9 =

10 + 2 =
10 + 1 =
10 + 7 =

3 + 10 =
8 + 10 =
6 + 10 =

2 Ordne zu.

3 + 10	9 + 10
10 + 9	6 + 10
4 + 10	10 + 7
7 + 10	10 + 4
10 + 6	10 + 3

3 Vervollständige.

10 + 1 =
10 + 2 =
10 + 3 =
10 + =
10 + =
10 + =
10 + =
10 + =
10 + =
10 + =

4

10 $\xrightarrow{+8}$
10 $\xrightarrow{+4}$
10 $\xrightarrow{+7}$
5 $\xrightarrow{+10}$
10 $\xrightarrow{+10}$

5

14 = 10 + 4
14 = 4 + 10

18 = +
18 = +

15 = +
15 = +

17 = 10 +
17 = + 10

16 = +
16 = +

19 = +
19 = +

Addieren ohne Zehnerübergang

1

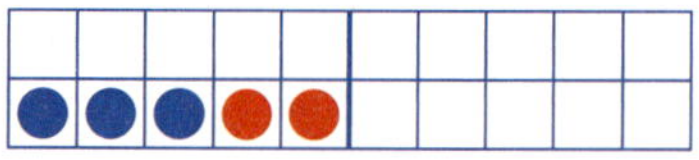

Das kann ich rechnen:
3 + 2 = ☐

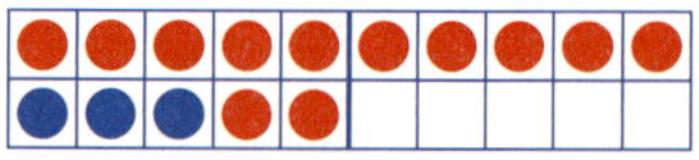

Nun kommt
der Zehner dazu:
13 + 2 = 1☐

2

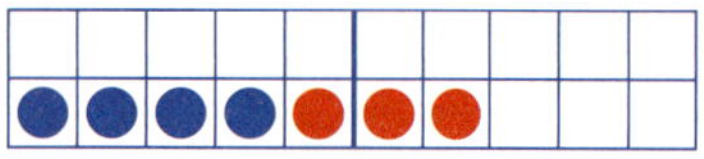

4 + 3 = ☐

14 + 3

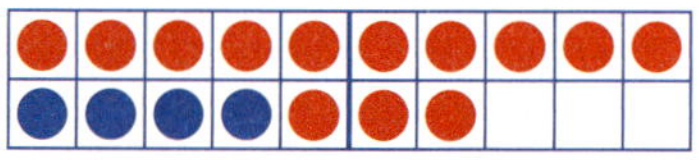

☐☐ + 3 = ☐☐

3

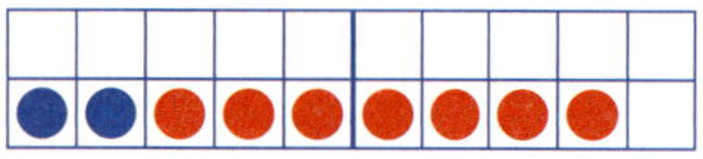

2 + 7 = ☐

12 + 7

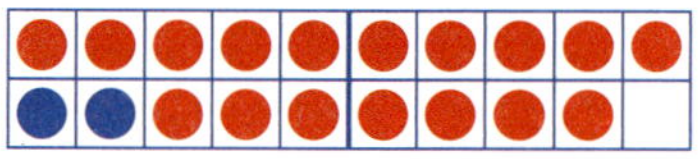

☐☐ + ☐ = ☐☐

4

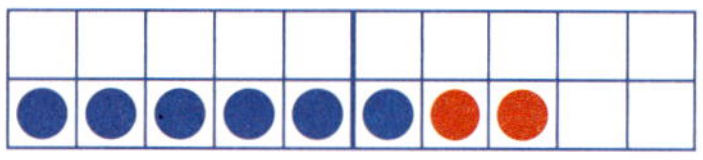

☐ + ☐ = ☐

16 + 2

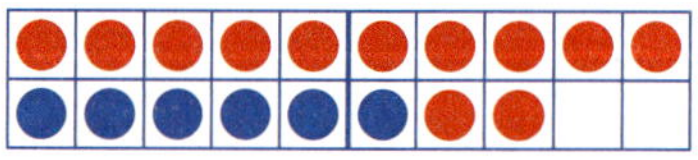

☐☐ + ☐ = ☐☐

Lege erst mit Plättchen. Rechne dann.

5

7 + 2 = ☐☐	4 + 4 = ☐☐	5 + 2 = ☐☐	8 + 1 = ☐☐
17 + 2 = ☐☐	14 + 4 = ☐☐	15 + 2 = ☐☐	18 + 1 = ☐☐

Berechne die Summe.

6

13 + 6 = ☐☐	11 + 7 = ☐☐	12 + 4 = ☐☐	14 + 5 = ☐☐
15 + 3 = ☐☐	16 + 3 = ☐☐	17 + 2 = ☐☐	10 + 8 = ☐☐

WIEDERHOLE

2 + 5	5 + 4	6 + 4	7 + 0	4 + 4	3 + 7
3 + 6	2 + 7	1 + 9	5 + 5	0 + 9	2 + 5

1 bis 4: Bekannte Aufgabe finden, lösen und übertragen 5: Aufgabe mit Plättchen legen; Addieren
6: Summe berechnen; bekannte Aufgabe erkennen und übertragen

AH 39 | TÜ 37

So rechnet Ben: 6 + 11 = 17

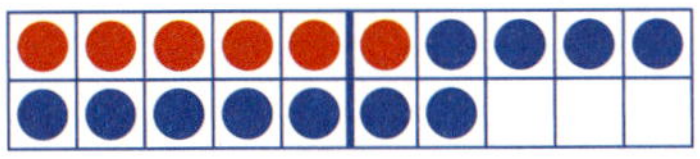

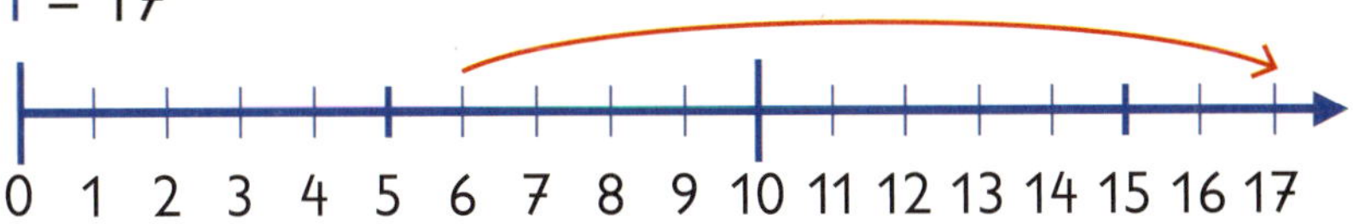

So rechnet Lisa: 11 + 6 = 17

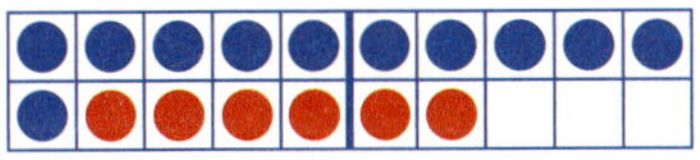

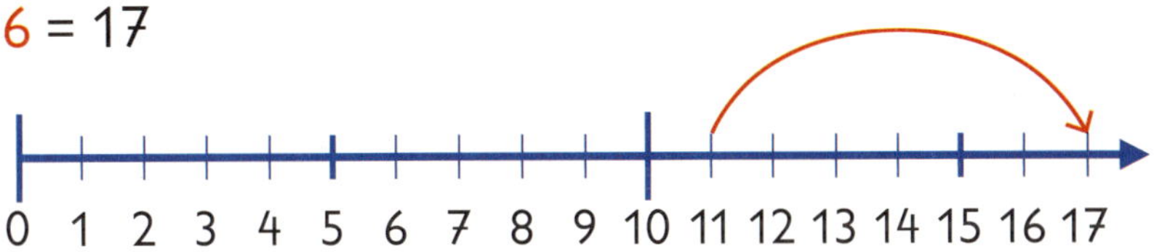

1 Vergleiche die Aufgaben und Ergebnisse von Ben und Lisa.
Was stellst du fest? Vervollständige den Merksatz.

MERKE DIR

Summanden kann man ____________________.

Die Summe bleibt ____________________.

2 Finde Aufgabe und Tauschaufgabe.

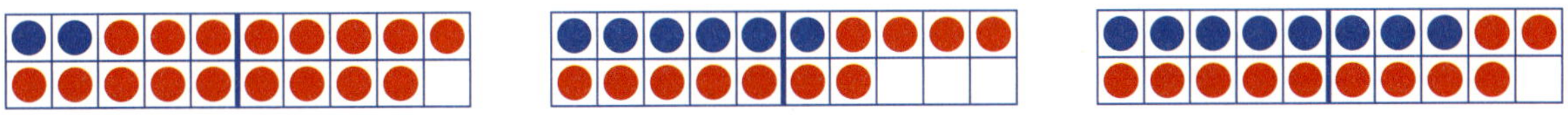

2 + 17 = __
17 + 2 = __

6 + 11 = __
__ + __ = __

__ + __ = __
__ + __ = __

3 Rechne. Du darfst die Summanden vertauschen.

14 + 3 = __	2 + 18 = __	4 + 12 = __
4 + 14 = __	13 + 6 = __	17 + 3 = __
7 + 11 = __	1 + 19 = __	2 + 16 = __
12 + 6 = __	15 + 4 = __	14 + 5 = __

1: Merksatz vervollständigen
2: Aufgabe und Tauschaufgabe aufschreiben und lösen
3: Additionsaufgaben lösen

Subtrahieren ohne Zehnerübergang

1

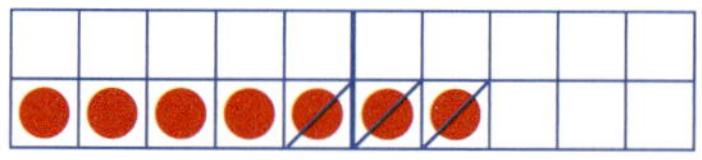

Das kann ich rechnen:
7 – 3 = __

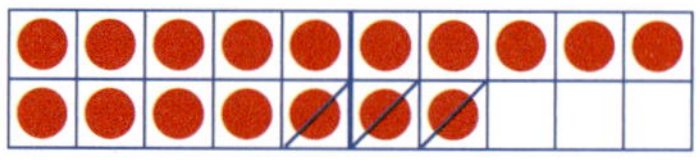

Wenn 7 – 3 = __
dann: 17 – 3 = 1__

2

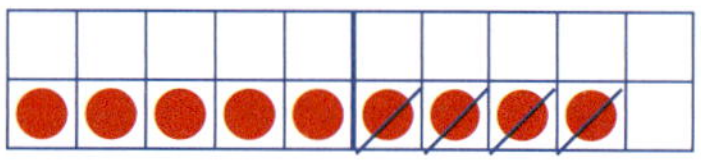

9 – 4 = __

19 – 4

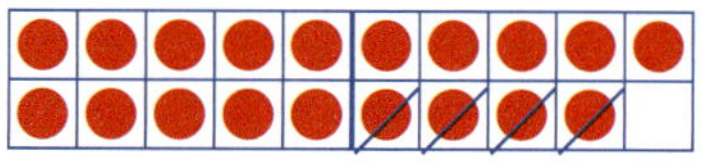

__ – 4 = __

3

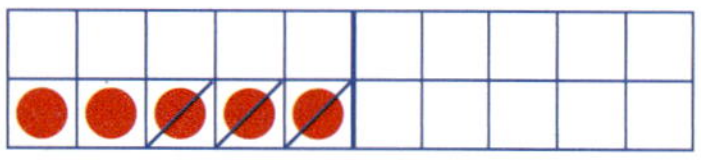

5 – 3 = __

15 – 3

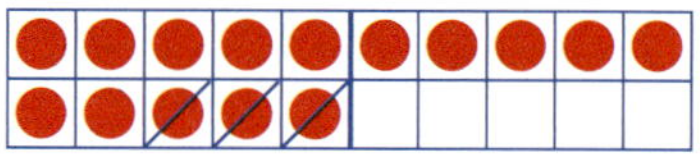

__ – 3 = __

4

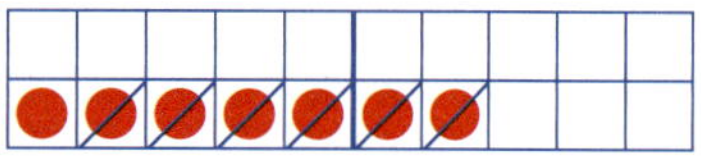

__ – __ = __

17 – 6

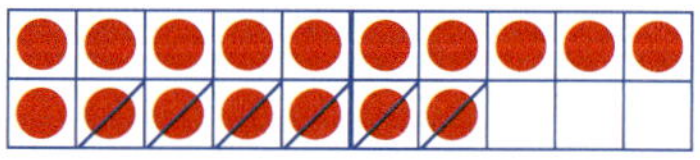

__ – __ = __

Lege erst mit Plättchen. Rechne dann.

5

5 – 3 = __	6 – 2 = __	7 – 5 = __	9 – 5 = __
15 – 3 = __	16 – 2 = __	17 – 5 = __	19 – 5 = __

Berechne die Differenz.

6

15 – 4 = __	19 – 7 = __	12 – 2 = __	18 – 6 = __
17 – 5 = __	14 – 3 = __	16 – 5 = __	19 – 8 = __

WIEDERHOLE

7 – 4	9 – 6	10 – 5	8 – 0	10 – 7	8 – 4
6 – 6	5 – 0	9 – 3	6 – 6	7 – 3	9 – 7

1 bis 4: Bekannte Aufgabe finden, lösen und übertragen 5: Aufgabe mit Plättchen legen; Subtrahieren
6: Differenz berechnen; bekannte Aufgabe erkennen und übertragen

Addieren und Subtrahieren ohne Zehnerübergang

1

4 – 3 = ☐

☐ – 4 = ☐

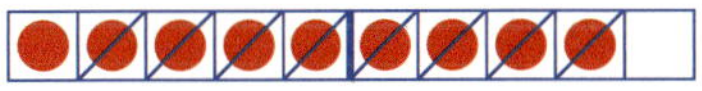

☐ – ☐ = ☐

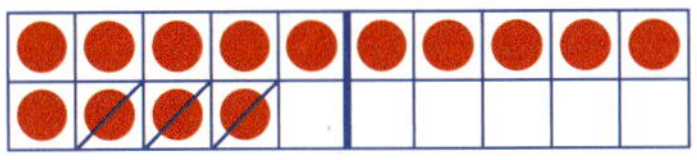

14 – 3 = ☐☐

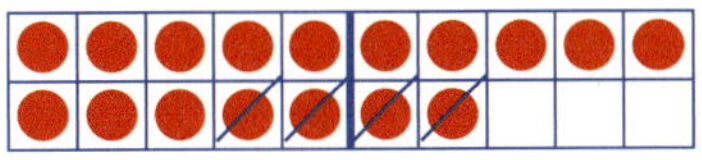

☐☐ – ☐ = ☐☐

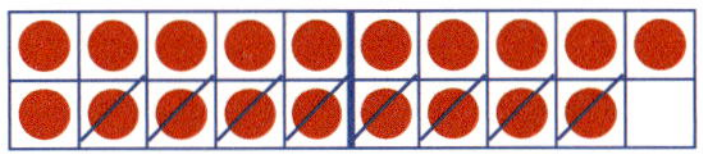

☐☐ – ☐ = ☐☐

2

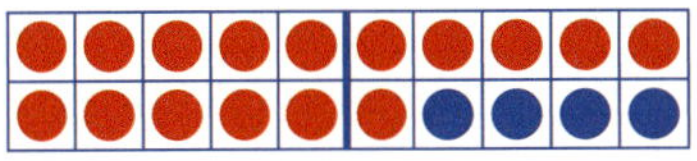

☐ + 4 = ☐☐
16 + ☐ = ☐☐

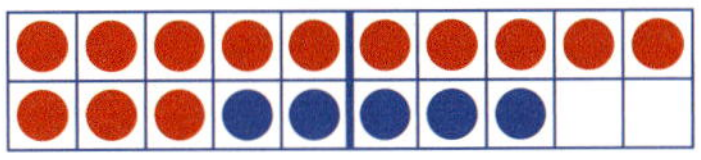

☐ + ☐ = ☐
☐☐ + ☐ = ☐☐

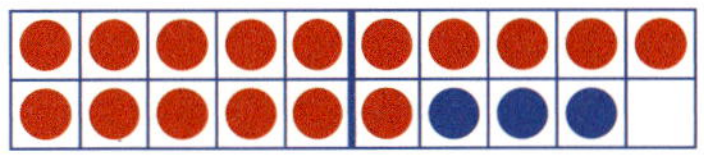

☐ + ☐ = ☐
☐☐ + ☐ = ☐☐

3 Was gehört zusammen?

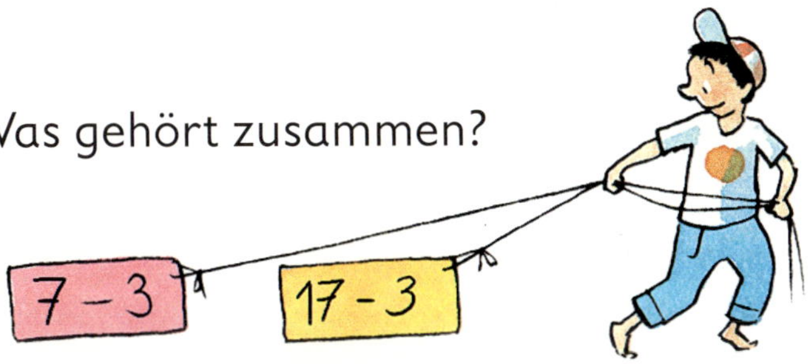

Schreibe so:
7 – 3 = 4
17 – 3 = 14

19 – 0	7 – 5	9 – 8	7 – 2	☐ – ☐
17 – 5	17 – 2	19 – 8	15 – 3	9 – 0
18 + 2	3 + 6	14 + 5	7 + 2	12 + 8
4 + 5	17 + 2	8 + 2	2 + 8	13 + 6

4
16 – 2 = ☐☐
16 – 3 = ☐☐
16 – 4 = ☐☐
16 – ☐ = ☐☐
☐☐ – ☐ = ☐☐

5
15 – 0 = ☐☐
15 – 1 = ☐☐
15 – 2 = ☐☐
15 – ☐ = ☐☐
☐☐ – ☐ = ☐☐

6
19 – 1 = ☐☐
19 – 3 = ☐☐
19 – 5 = ☐☐
19 – ☐ = ☐☐
☐☐ – ☐ = ☐☐

1 und 2: Bekannte Aufgaben finden, lösen und übertragen
3: Zur bekannten Aufgabe die analoge Aufgabe finden
4 bis 6: Reihe fortsetzen und Platzhalter belegen; Differenz berechnen

1

14 + 5 = ___
15 + 3 = ___
13 + 4 = ___
17 + 2 = ___
11 + 6 = ___

18 − 7 = ___
13 − 2 = ___
16 − 5 = ___
15 − 4 = ___
17 − 6 = ___

2

17 + ___ = 19
14 + ___ = 18
12 + ___ = 17
13 + ___ = 15
10 + ___ = 16

14 − ___ = 11
16 − ___ = 13
19 − ___ = 16
15 − ___ = 12
17 − ___ = 14

3 + 5

10	
11	
12	
13	

4 − 2

17	
13	
16	
14	

5 + 4

14	
	15
13	
	19

6 − 3

	13
17	
	15
19	

7 Bilde Aufgaben.
Berechne die Summen.

13 ___ ___ ___ ___ ___
Rechenscheibe (+): 2, 16, 4, 13, 5, 11

___ ___ 18 ___ ___ ___
Rechenscheibe (+): 16, 3, 15, 4, 12, 0

8 Zerlege die Zahlen.
Gib 2 Möglichkeiten an.

18 = 10 + 8
18 = 10 + 6 + 2

14 = 10 + ___
14 = 10 + ___ + ___
16 = 10 + ___
16 = 10 + ___ + ___

9 Wie heißen die Zahlen?

Meine Zahl ist größer als 12 + 4 und kleiner als 18.

Meine Zahl ist größer als 14 + 1 und kleiner als 19 − 2.

10 Löse die Aufgaben.
Erzähle zu jeder Aufgabe eine Rechengeschichte.

20 − 5	14 + 4
17 + 3	16 − 2
18 − 5	11 + 8

1 und 2: Additions- und Subtraktionsaufgaben lösen 3 bis 6: Rechenbefehle ausführen 7: Additionsaufgaben in den Rechenscheiben finden und lösen 8: Zahlen in Zehner und Einer zerlegen 9: Gesuchte Zahlen bestimmen 10: Aufgaben lösen; Rechengeschichten erzählen

AH 41 | TÜ 39–40

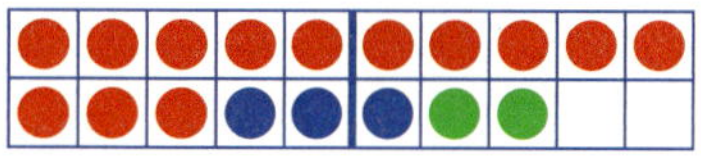

13 + 3 + 2 = 18

Lege und rechne.

1
14 + 2 + 1 =
17 + 0 + 2 =
11 + 4 + 3 =
12 + 4 + 2 =

2
16 + 3 + 0 =
12 + 1 + 2 =
11 + 5 + 2 =
13 + 3 + 3 =

3
15 + 2 + 3 =
14 + 5 + 2 =
13 + 4 + 5 =
16 + 2 + 2 =

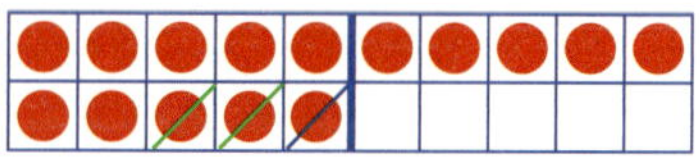

15 − 2 − 1 = 12

Lege und rechne.

4
17 − 1 − 1 =
14 − 3 − 0 =
16 − 1 − 3 =
18 − 2 − 2 =

5
15 − 0 − 4 =
18 − 3 − 4 =
19 − 2 − 2 =
14 − 2 − 1 =

6
18 − 2 − 4 =
19 − 5 − 3 =
17 − 3 − 2 =
16 − 4 − 1 =

Setze das richtige Zeichen: < = >.

7
17 ◯ 10 + 5 + 4
16 ◯ 11 + 2 + 3
18 ◯ 17 − 4 − 2

8
12 + 4 + 1 ◯ 12 + 3 + 2
14 + 2 + 4 ◯ 14 + 1 + 3
17 − 1 − 6 ◯ 17 − 2 − 3

1 bis 3: Addieren mit drei Summanden
4 bis 6: Subtrahieren mit zwei Zahlen
7 bis 8: Differenzen bzw. Summen berechnen, Relationszeichen setzen

Umkehraufgaben

1

16 + 2 = 18

18 − 2 = __

__ + __ = __

__ − __ = __

2 Löse die Aufgabe und die Umkehraufgabe.

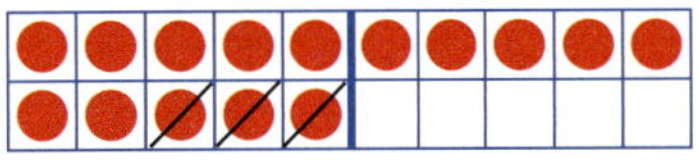

15 − 3 = __
__ + 3 = __

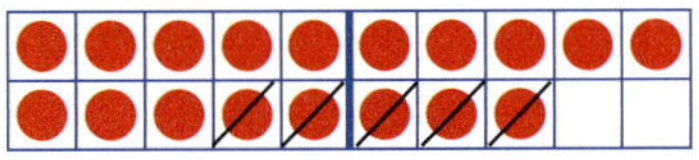

__ − __ = __
__ + __ = __

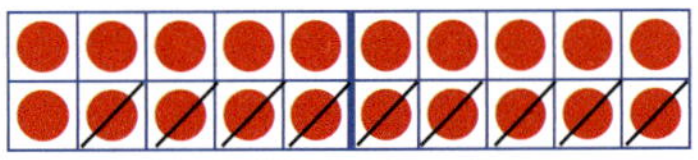

__ − __ = __
__ + __ = __

3 Rechne.

14 —(− 3)→ __ ; __ —(+ __)→ 14

17 —(− 2)→ __ ; __ —(+ __)→ 17

15 —(− __)→ 11 ; 11 —(+ __)→ 15

18 —(− __)→ 13 ; 13 —(+ __)→ 18

4 Rechne. Kontrolliere mit der Umkehraufgabe.

18 − 6 = 12	13 − 2 = __	10 + 7 = __	12 + __ = 17
12 + 6 = 18	15 − 4 = __	14 + 4 = __	14 − __ = 14
13 + 4 = 17	19 − 7 = __	17 + 3 = __	16 + __ = 19
17 − 4 = 13	18 − 3 = __	11 + 9 = __	17 − __ = 11

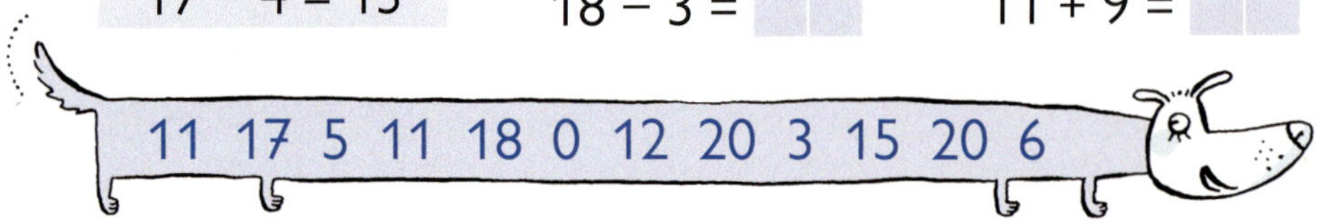

1: Bildinhalt erklären; Platzhalter belegen
2: Additions- und Subtraktionsaufgaben finden und lösen
3: Rechenbefehle ausführen 4: Aufgaben lösen und mit den Umkehraufgaben kontrollieren

AH 42 | TÜ 42

Nachbaraufgaben – Aufgabenfamilien – Rund um die 10

	14 + 4 = 18	
13 + 5 = 18	14 + 5 = 19	15 + 5 = 20
	14 + 6 = 20	

1 Schreibe Nachbaraufgaben auf. Löse sie.

	12 + 1 = __	
11 + 2 = __	12 + 2 = 14	__ + 2 = __
	12 + __ = __	

	11 + 6 = 17	
__ + 7 = __	11 + 7 = 18	__ + 7 = __
	11 + 8 = 19	

2 Bilde Aufgabenfamilien.

6 4 10

6 + 4 = __
4 + __ = __

10 − 4 = __
10 − __ = __

3 10 7

__ + __ = __
__ + __ = __

__ − __ = __
__ − __ = __

3

10

7 + __
5 + __
8 + __
4 + __

4

10

2 + 4 + __
4 + 2 + __
0 + __ + 4
5 + __ + 2

5

18

10 + __
12 + __
0 + __
8 + __

1: Nachbaraufgaben finden; Platzhalter belegen
2: Aufgabenfamilien finden und lösen
3 bis 5: Platzhalter bestimmen

Verdoppeln

1 Verdopple mit dem Spiegel. Schreibe die passende Aufgabe auf.

2 Wie viel Cent hast du nach dem Verdoppeln? Wie rechnest du?

3 Verdopple.

	5	3	4	10 ct	6 €
Aufgabe	5 + 5	+	+	ct + ct	€ + €
Das Doppelte	10			ct	€

1: Additionsaufgaben mit zwei gleichen Summanden finden und lösen
2: Das Doppelte bestimmen und Rechenweg erklären
3: Tabelle vervollständigen

AH 44 | TÜ 44

1

Die Hälfte von ☐☐ ist ☐.

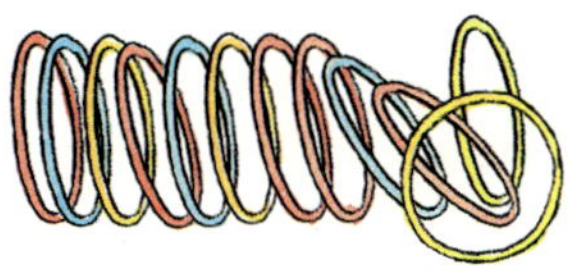

Die Hälfte von ☐☐ ist ☐.

Die Hälfte von ☐☐ ist ☐.

2 Halbiere die Geldbeträge.

3 Halbiere.

	8	16	20	14€	18€
Aufgabe	8 – 4	☐☐ – ☐	☐☐ – ☐	☐☐ € – ☐ €	☐☐ € – ☐ €
Die Hälfte	4			€	€

WIEDERHOLE

1. 14 + 2   16 – 3   19 – 5   16 – 4   18 – 8   20 – 10
2. 8 ct – 4 ct   10 ct + 6 ct   14 ct – 4 ct   12 € + 2 €   15 € + 5 €

1: Die Hälfte der angegebenen Anzahl bestimmen
2: Den halben Geldbetrag ermitteln 3: Tabelle vervollständigen
W: Additions- und Subtraktionsaufgaben lösen

Gerade und ungerade Zahlen

2, 4, 6, 8, 10, 12, 14, 16, 18, 20 sind **gerade** Zahlen.	1, 3, 5, 7, 9, 11, 13, 15, 17, 19 sind **ungerade** Zahlen.

1 Trage die Anzahl der Würfel ein. Was fällt dir auf?

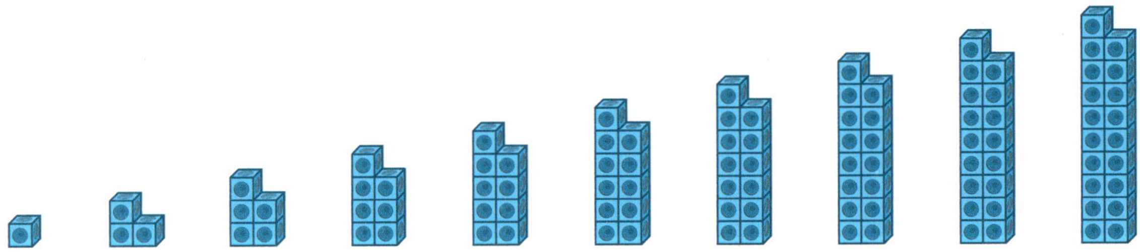

1 3 5

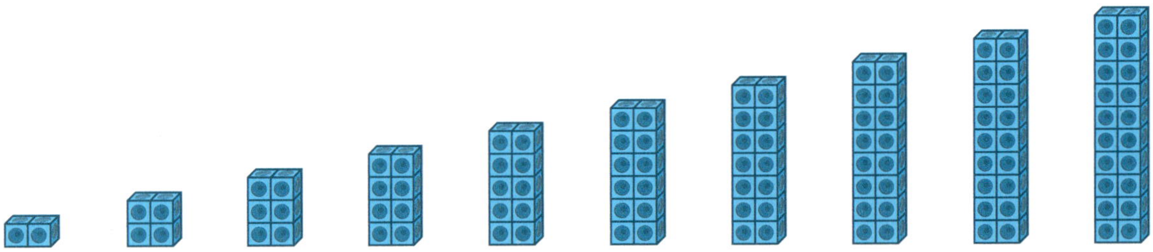

2 4 6

2 Schreibe alle geraden Zahlen auf, die zwischen 7 und 17 liegen.

3 Schreibe alle ungeraden Zahlen auf, die zwischen 4 und 18 liegen.

1: Gerade und ungerade Anzahl erfassen; Zahlen zuordnen
2 und 3: Gerade und ungerade Zahlen finden

1 Berechne die Summen und Differenzen.
Ist das Ergebnis eine gerade Zahl, dann färbe sie orange.
Ist das Ergebnis eine ungerade Zahl, dann färbe sie blau.

4 + 4 =	5 + 2 =	7 + 3 =	5 + 4 =
7 + 2 =	8 + 0 =	10 + 2 =	11 + 3 =
10 + 3 =	12 + 8 =	13 + 5 =	15 + 2 =
18 − 7 =	20 − 6 =	19 − 5 =	13 − 3 =
16 − 5 =	15 − 3 =	14 − 3 =	17 − 2 =

2 Stimmt es, was die Kinder sagen? Überprüfe.

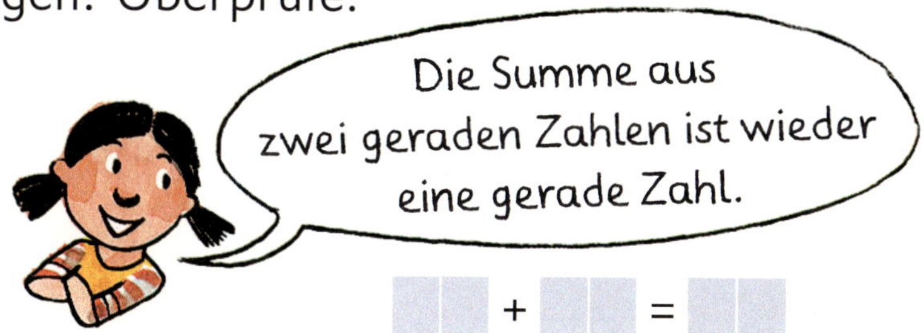

__ + __ = __

__ + __ = __

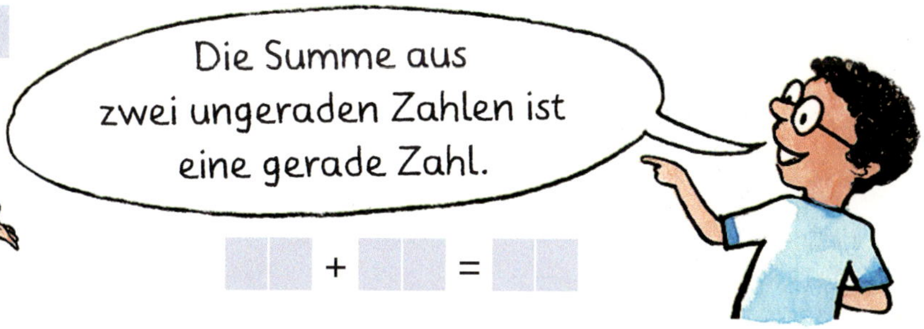

__ + __ = __

3 Schreibe alle geraden Zahlen bis 20 auf, die größer als 14 sind.

4 Schreibe alle ungeraden Zahlen auf, die kleiner als 11 und größer als 3 sind.

WIEDERHOLE

1. Welche Zahlen liegen zwischen 8 und 15?
2. Welche Zahlen sind größer als 15?
3. Welche Zahlen sind kleiner als 13?
4. Welche Zahlen sind kleiner als 11, aber größer als 6?

1: Summen und Differenzen berechnen; gerade und ungerade Zahlen erkennen
2: Aussage am Beispiel überprüfen 3 und 4: Gerade und ungerade Zahlen ermitteln und aufschreiben
W: Begriffssicherheit schaffen

Sachaufgaben – Fragen zuordnen

1 Welche Frage passt zu welchem Text? Ordne zu.

Im Regal stehen 6 Flaschen Saft. Die Verkäuferin stellt 4 Flaschen dazu. (1)	(A) Wie viel muss Frau Fröhlich bezahlen?
Frau Fröhlich kauft für 4 € Obst, für 3 € Wurst und für 2 € Kuchen. (2)	(B) Wie viele Leute arbeiten im Supermarkt?
Im Supermarkt arbeiten 5 Frauen und 2 Männer. (3)	(C) Wie viele Flaschen Saft stehen im Regal?

2 Nur zwei Fragen passen zum Text. Welche sind es?

An der Kasse 1 stehen 6 Leute.
An der Kasse 2 stehen
vier Leute mehr als an der Kasse 1.

Wie viele Leute stehen an der Kasse 2? (A)	(B) Wie viele Männer stehen an den Kassen?
Stehen mehr Frauen oder mehr Männer an den Kassen? (C)	(D) Wie viele Leute stehen insgesamt an den Kassen?

1: Texte lesen und Sachverhalt erfassen; Fragen lesen und Inhalt erfassen; Fragen den Texten zuordnen
2: Text lesen und Inhalt erfassen; Fragen A bis D lesen, die sinnadäquaten Fragen zuordnen

AH 45 | **TÜ** 47

1 Die Geisterbahn hat 20 Wagen. In 8 Wagen sitzen Kinder.

☐☐ ○ ☐ = ☐☐

2 In einer Gondel des kleinen Riesenrades können 2 Kinder sitzen.
Es sind vier Gondeln besetzt.

☐ ○ ☐ ○ ☐ ○ ☐ = ☐

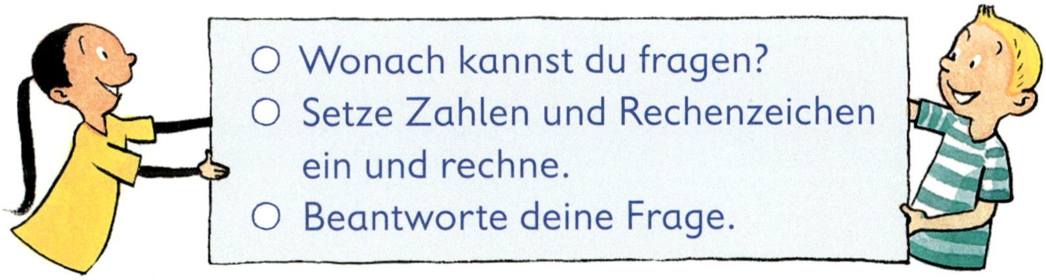

3 Nina und Toni haben zusammen 20 € mitgebracht. Davon haben sie schon 9 € ausgegeben.

☐☐ ○ ☐ = ☐☐

4 Lena hat für den Besuch auf dem Rummel 8 € aus der Sparbüchse genommen. Von ihren Eltern hat sie noch 5 € erhalten.
Der Opa hat ihr 2 € geschenkt.

☐ ○ ☐ ○ ☐ = ☐☐

1 bis 4: Frage formulieren; Rechnung durchführen; Frage im Satz beantworten

1 Zahlen verstecken

Du nennst eine Zahl.
Dein Partner legt ein Plättchen auf diese Zahl.

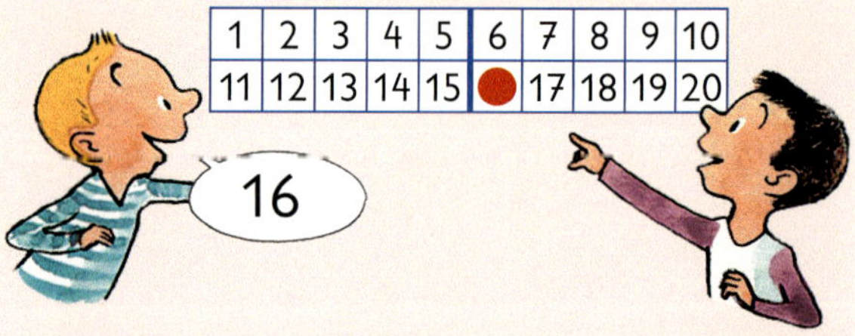

2 Zahlen finden

Alle Zahlen sind verdeckt.
Du zeigst auf ein Plättchen.
Dein Partner nennt die verdeckte Zahl.

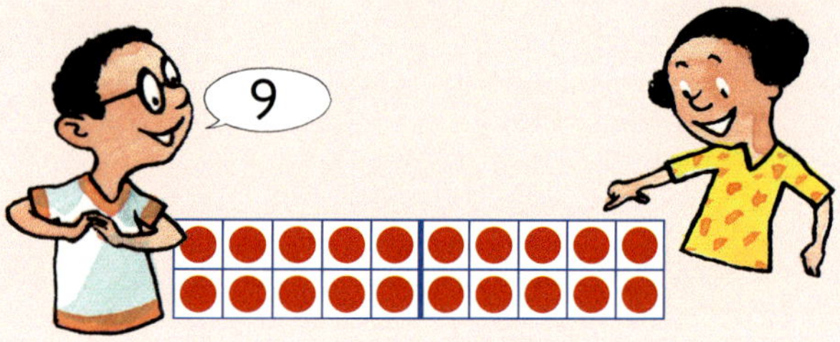

3 Zahlenfolgen

2 – 5 – 8 – ___ – ___ – ___ – ___

4 Du nennst die Regel. Dein Partner findet die fehlenden Zahlen und schreibt sie auf.

0 — 3 — 6 — ___ — ___ — ___ — ___

7 — 9 — 11 — ___ — ___ — ___ — ___

19 — 17 — 15 — ___ — ___ — ___ — ___

20 — 16 — ___ — ___ — ___ — ___

5 Du erfindest eine Zahlenfolge. Dein Partner findet die Regel.

1 und 2: Zahlen im Zwanzigerstreifen finden 3 und 4: Regeln finden und Zahlenfolgen weiterführen
5: Zahlenketten nach einer Regel aufbauen

Summen und Differenzen

Bilde mit diesen Zahlen Aufgaben:

18 10 20 7 6 13 4 14 11 8 9 19 5 2 3 12

1 Die Summe soll immer 18 sein.
Du nennst den 1. Summanden.
Dein Partner nennt den
2. Summanden.

16 + 2 = 18

2 Die Differenz soll immer 11 sein.
Du nennst den Minuend.
Dein Partner nennt den
Subtrahend.

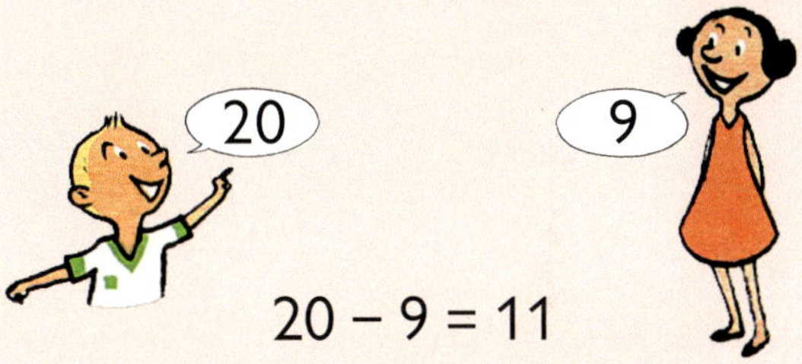

20 − 9 = 11

Geldbeträge

3 Nenne einen Geldbetrag bis 10 €.
Dein Partner legt diesen
Geldbetrag mit Rechengeld.

4 Du hast 10 € und kaufst für 6 €
(3 €, 5 €, 7 €) ein Buch.
Dein Partner ist der Verkäufer.
Er gibt dir das Restgeld zurück.

Würfelbauten

5 Wie viele Würfel sind es?

6 Baut mit der gleichen Anzahl
Würfel andere Würfelbauten.

1 und 2: Summen und Differenzen bilden 3: Geldbeträge legen (verschiedene Möglichkeiten)
4: Restgeld berechnen 5: Anzahl bestimmen; mit gleicher Anzahl einen anderen Würfel bauen.
Inklusion: AB 1/B, S. 38 6: Würfelbauten erstellen

Kann ich das schon?

Bestimme die Summen und Differenzen.

1	2	3	4
13 + 6	17 − 7	2 ct + 8 ct	2 € + 7 €
10 + 9	14 − 3	6 ct + 3 ct	10 € − 9 €
14 + 0	19 − 5	4 € + 6 €	7 ct + 3 ct
3 + 17	15 − 0	10 € − 5 €	10 ct − 10 ct
5 + 15	20 − 10	9 € − 4 €	5 ct + 5 ct

5 Die Summanden heißen 11 und 9. Berechne die Summe.

6 Berechne die Differenz aus 19 und 7.

7 Schreibe die Aufgabenfamilien auf und löse die Aufgaben.

3 6 9   10 2 8   4 7 3

? 14 3   12 ? 5   20 6 ?

8 Setze das richtige Zeichen: < = >.

10 ◯ 13	11 ◯ 9	14 ◯ 12	3 + 4 ◯ 7	14 ◯ 11 + 2
12 ◯ 11	14 ◯ 17	20 ◯ 10	9 + 5 ◯ 6	20 ◯ 16 + 3

9 Bestimme Vorgänger und Nachfolger.

V	Z	N
	15	
	17	
	10	
8		
		20

10 Lege mit Plättchen.
Lege nur zwei ◺ um.

Finde weitere Figuren durch Umlegen von zwei ◺.

1

+	12	10	2	11
8				
5				
4				

−	6	8	5	4
19				
18				
20				

2

6	3	7

	7	
	4	
		2

	17	
5		
3		

3 Bestimme das Doppelte und die Hälfte.

Zahl	1	3	5	10	2
Das Doppelte					

Zahl	8	4	10	6	2
Die Hälfte					

4 Welche geraden Zahlen liegen zwischen 8 und 18?

5 Welche ungeraden Zahlen liegen zwischen 19 und 10?

6 Ordne die Zahlen.

Beginne mit der kleinsten Zahl.

12 7 19 3 15 20
14 11 4 9 16 0 18 5

Beginne mit der größten Zahl.

18 11 6 8 1 17
20 15 3 4 13 16

7

5 + 3 + 0 =	10 − 5 − 3 =	10 − 7 − 3 =
2 + 4 + 3 =	7 − 0 − 4 =	3 + 6 − 5 =
3 + 5 + 1 =	9 − 4 − 2 =	6 − 6 + 3 =
4 + 0 + 4 =	8 − 1 − 7 =	5 + 2 − 5 =

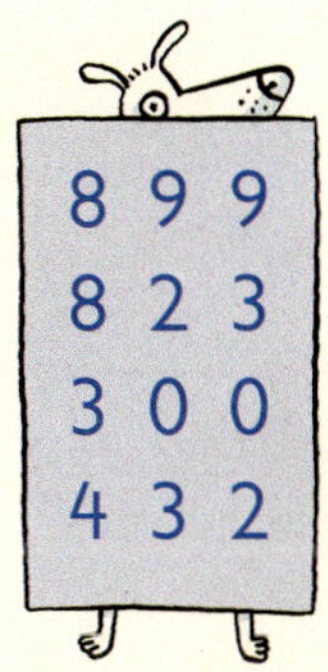

Dreieck, Viereck, Kreis

1 Lege nach und zähle.

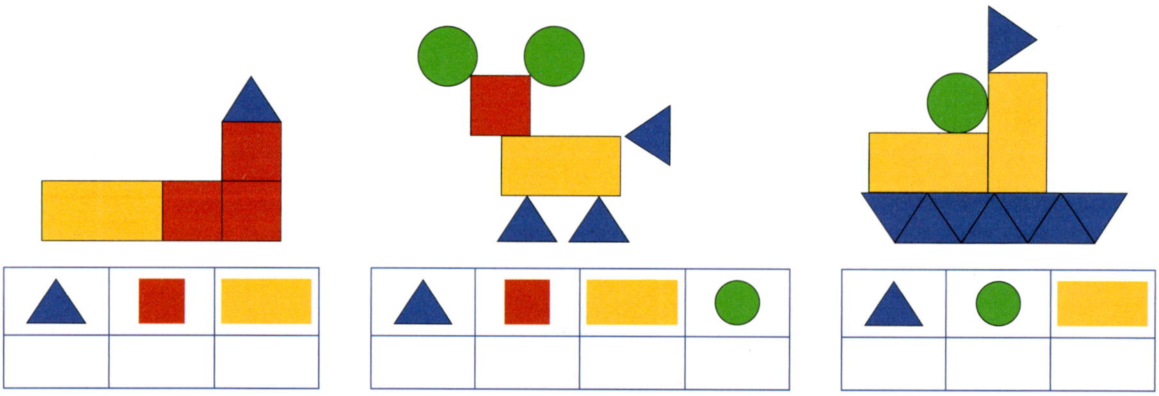

Wie viele Dreiecke und Vierecke entdeckst du?

2

3

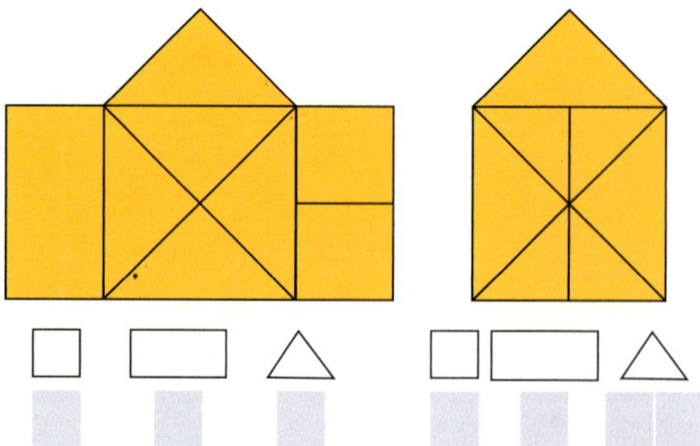

Bild: Erkennen, welcher Körper welchen Abdruck der Fläche hinterlässt
1: Nachlegen und Bestimmen der Anzahl der jeweiligen Fläche
2 und 3: Erkennen von Dreiecken und Vierecken; Anzahl angeben

AH 47–48 | TÜ 48

Figuren legen

1 Lege Dreiecke und Vierecke mit Stäbchen.

2 Lege Häuser, die aus Dreiecken und Vierecken bestehen.

3 Lege nach.

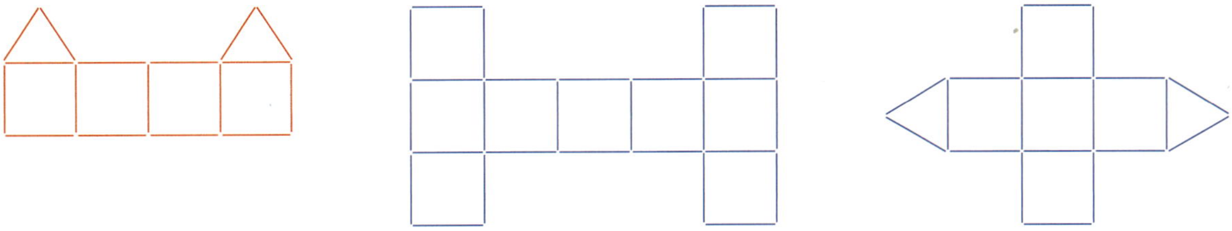

4 Lege die Muster und setze sie fort. Erfinde selbst Muster.

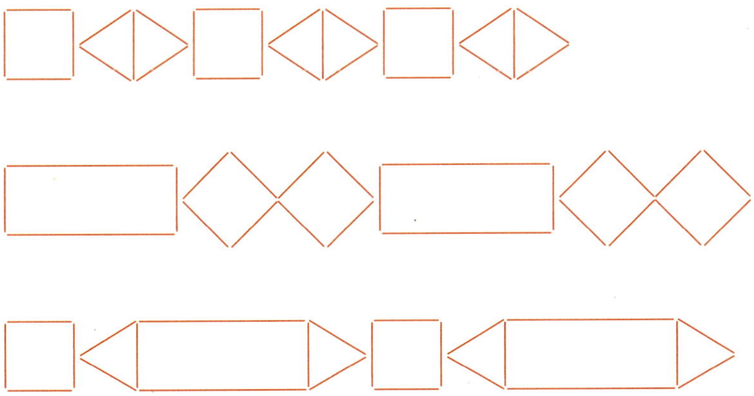

5 Lege die Ausgangsfiguren.

Lege 4 Stäbchen um.
erst so: dann so:

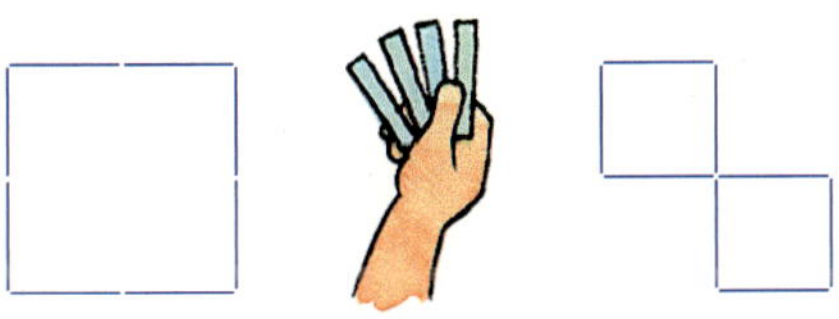

Lege 3 Stäbchen um.
erst so: dann so:

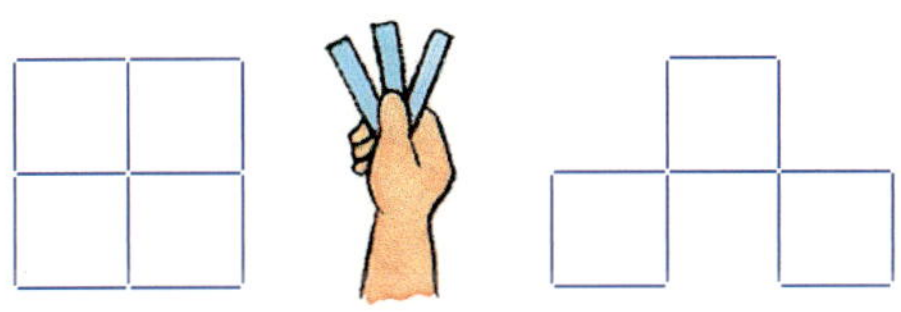

1 und 2: Figur mit Stäbchen legen 3: Figur mit Stäbchen nachlegen
4: Muster nach- und weiterlegen; Muster erfinden
5: Durch Umlegen der vorgegebenen Anzahl von Stäbchen die gegebene Figur legen

Figuren auslegen

1

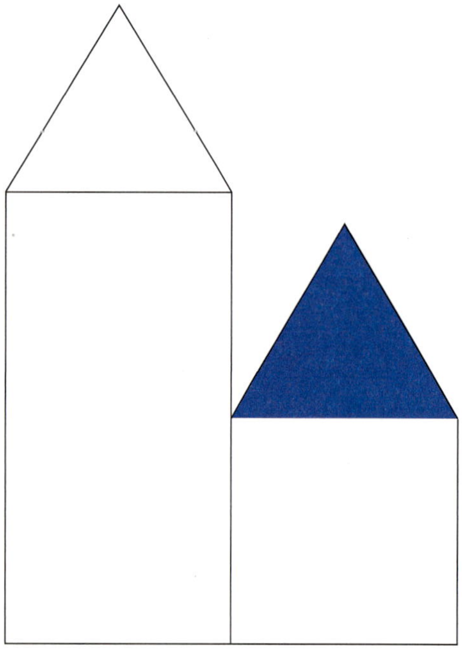

2

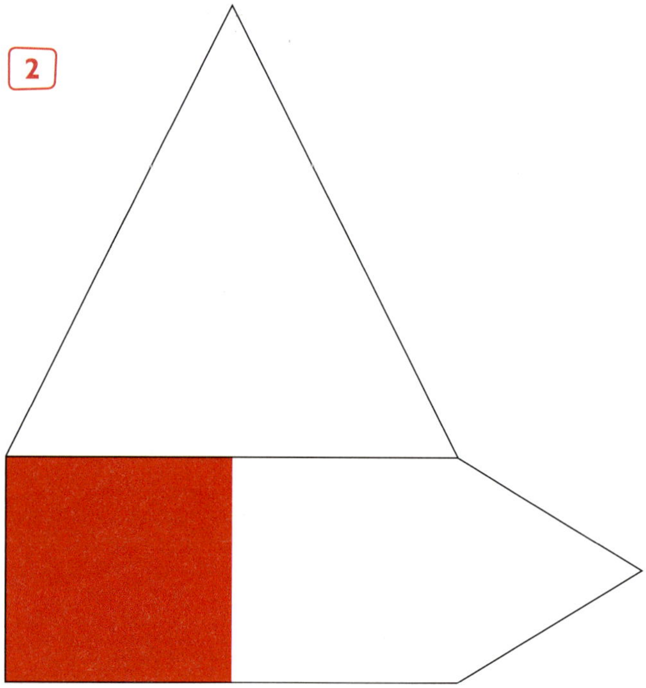

3

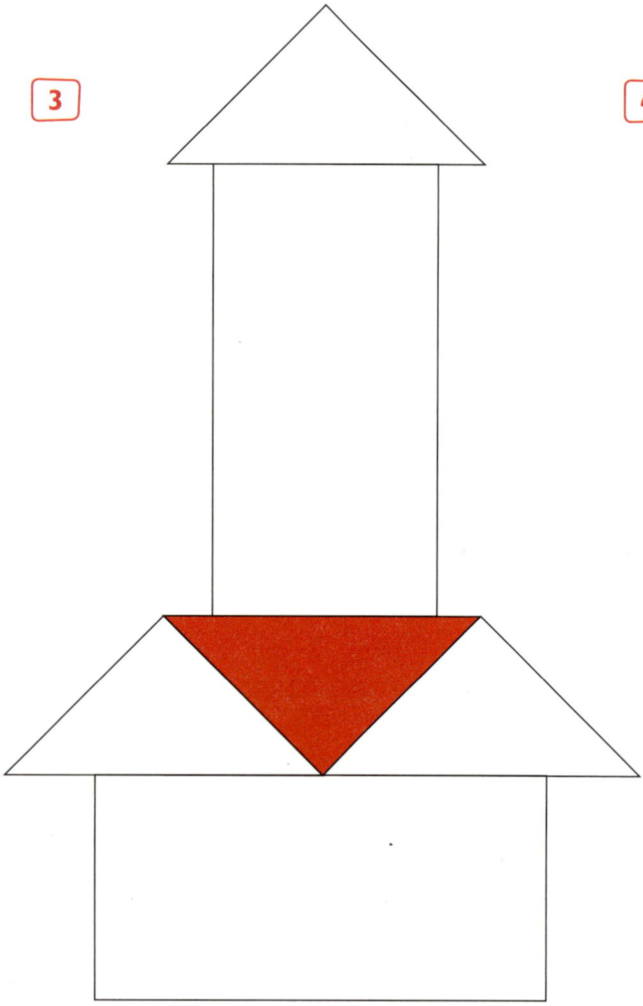

4

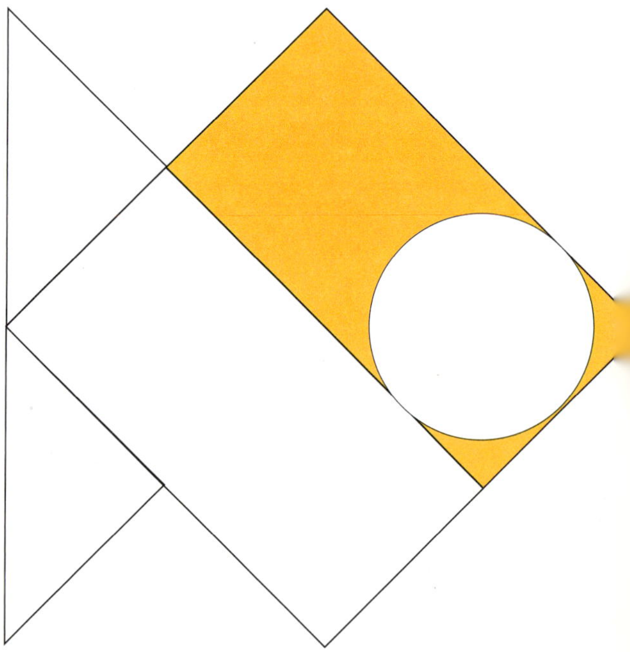

1 bis 4: Figuren mit Legeplättchen auslegen; über verschiedene Möglichkeiten sprechen

AH 49

1 Lege aus. Arbeite mit dem Figurensatz.
Gib die Anzahl der verwendeten Dreiecke, Quadrate und Rechtecke an.

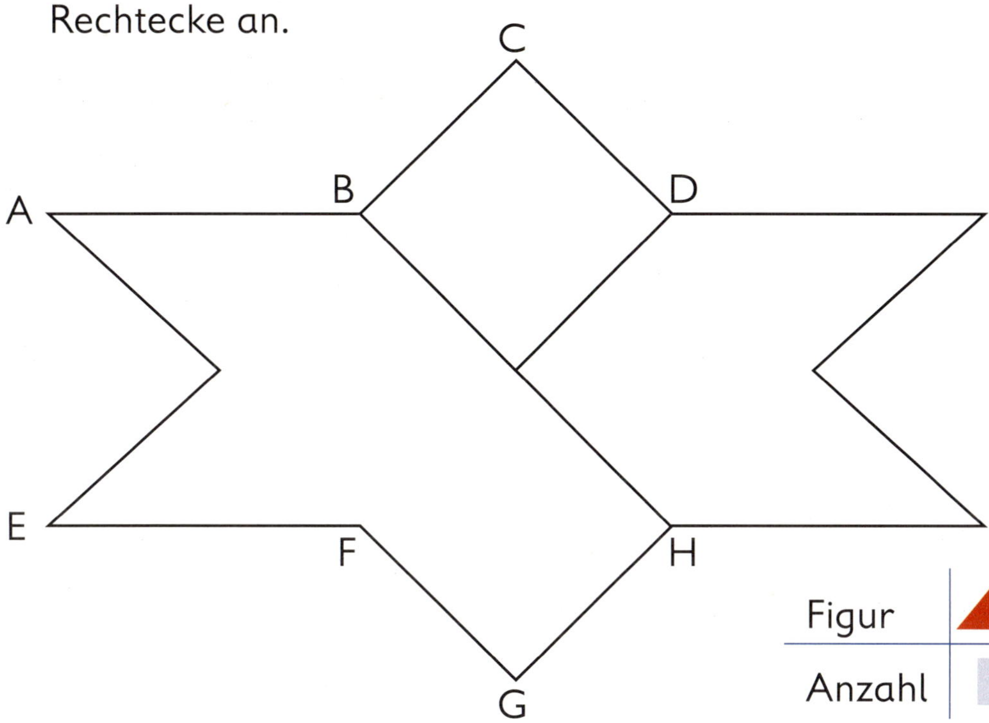

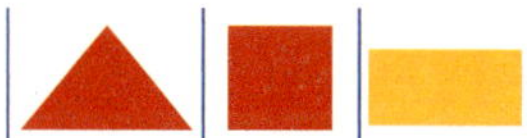

Figur			
Anzahl			

Arbeite mit dem Figurensatz.
Lege Figuren mit der angegebenen Anzahl von ,  und .

2

2	2	1

3

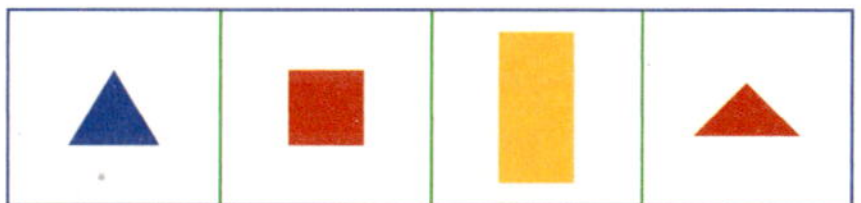

2	1	1	3

4

2	2	3	2	1

5

4	2	6	2

6

2	1	2	2

7

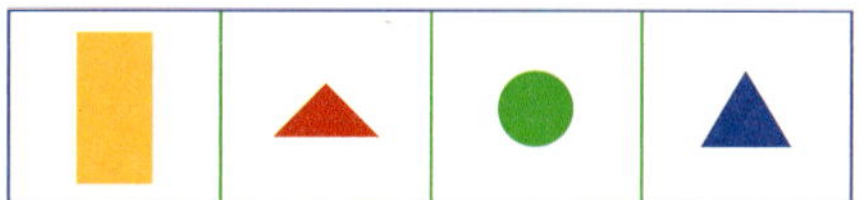

3	4	4	2

1: Figur mit Legeplättchen auslegen; verschiedene Möglichkeiten besprechen; Anzahl der Dreiecke, Quadrate und Rechtecke aufschreiben
2 bis 7: Figuren mit der gegebenen Anzahl von Plättchen legen

Falten und Muster legen

1 Falte so: Zeige Dreiecke und Vierecke.

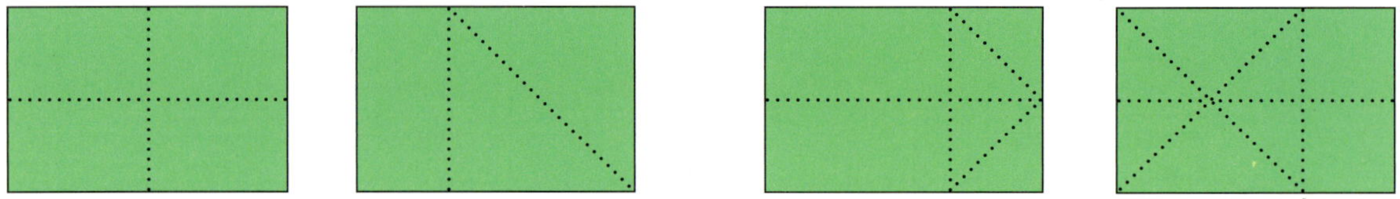

2 Falte, schneide und lege Muster.

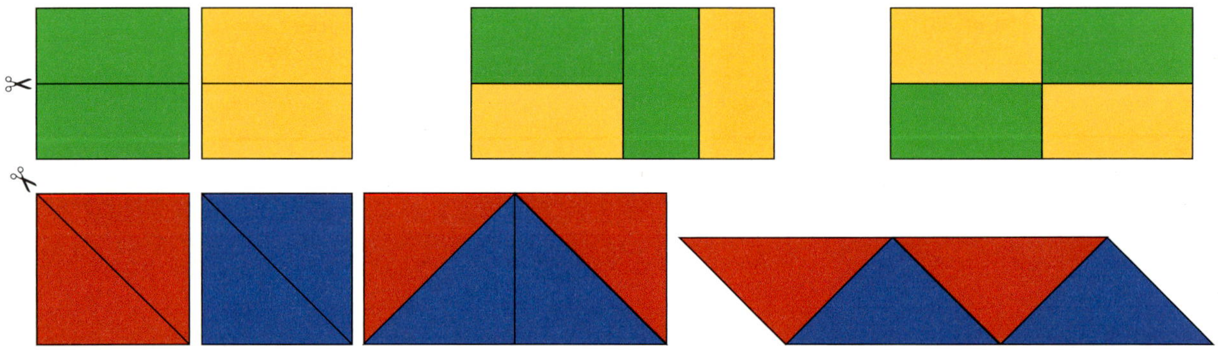

3 Falte eine Katze.

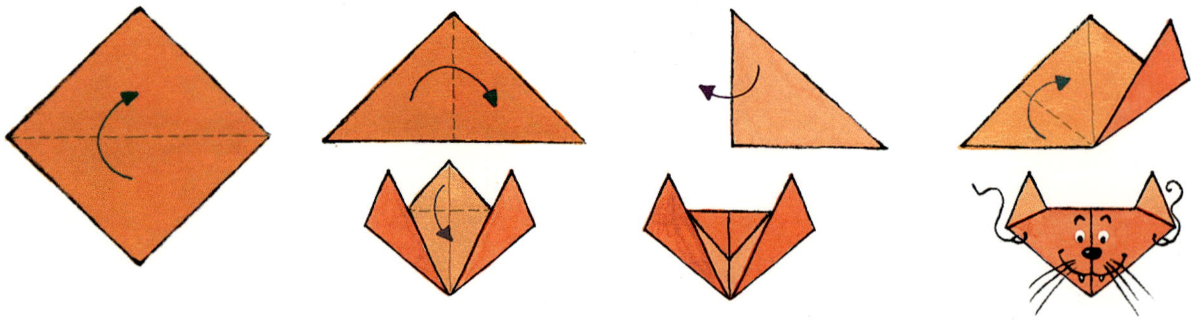

1: Falten und Entdecken von Dreiecken und Vierecken
2: Falten, schneiden und Muster nachlegen; eigene Muster finden
3: Falten einer Katze aus einem Quadrat

AH 49

1
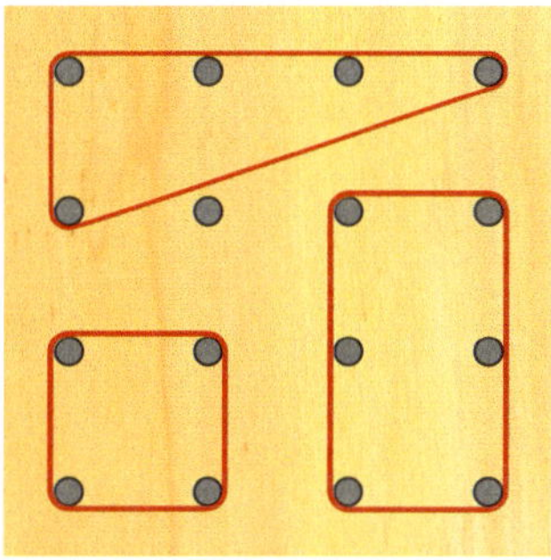

2
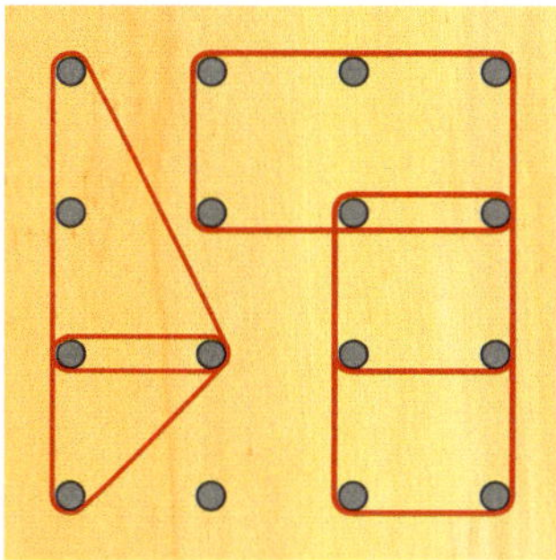

3
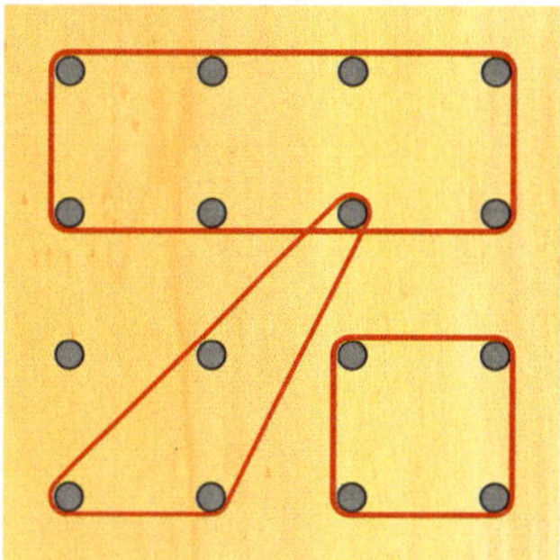

4
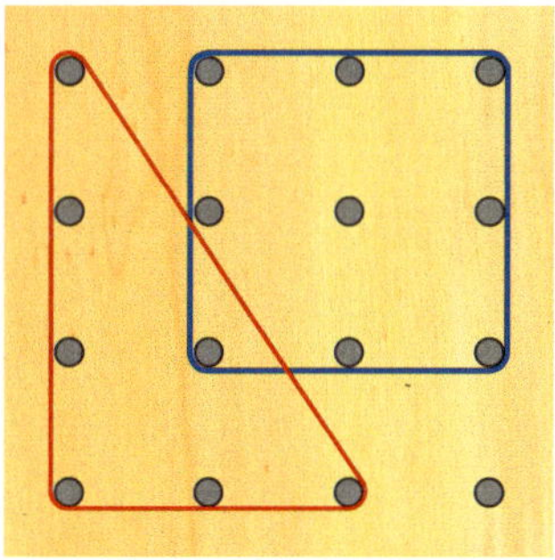

5
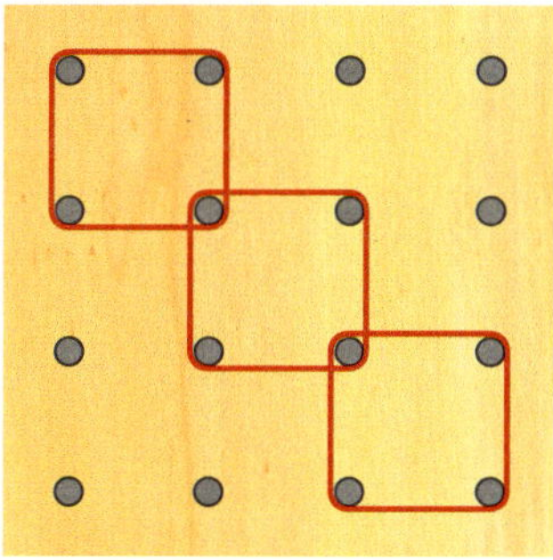

6
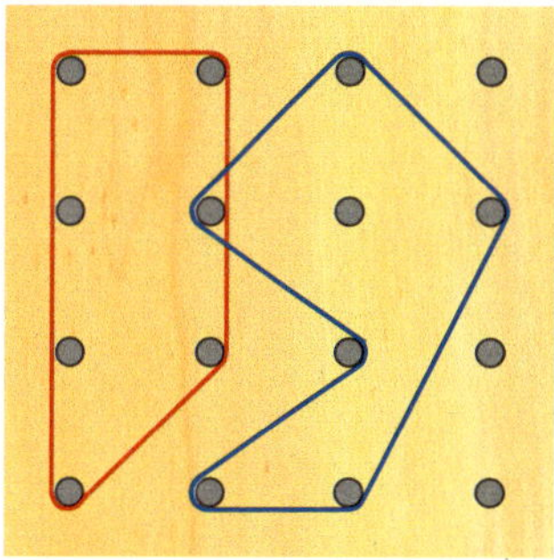

7
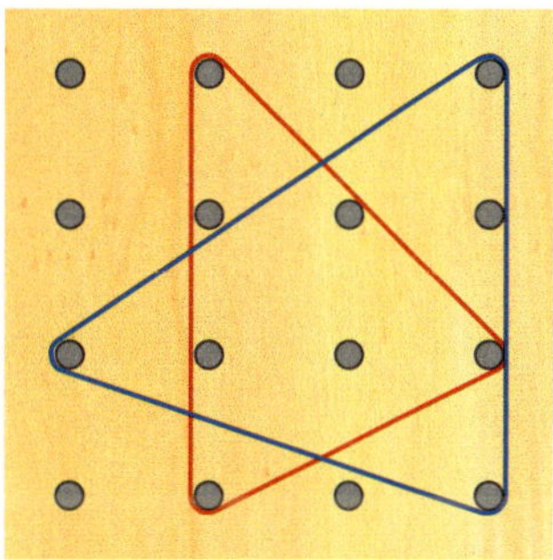

8
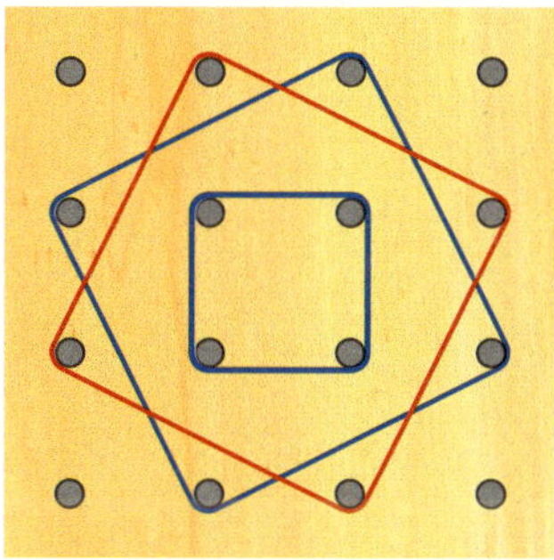

9

1: Figuren im Einstiegsbild erkennen und benennen; Merkmale der Figuren nennen
2 bis 8: Figuren nachspannen; Namen und Merkmale nennen
9: Eigene Figuren spannen

Geldwerte bis 20 Euro

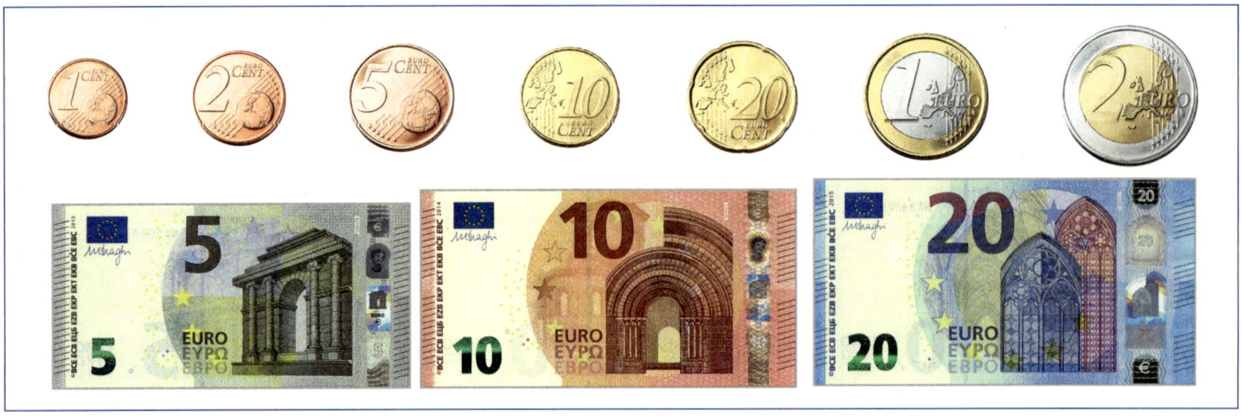

1

__ € __ € __ € __ €

Lege mit Rechengeld. Finde verschiedene Möglichkeiten.

2 19 ct 14 ct 9 ct 12 ct 11 € 13 € 17 € 18 € 20 €

3 6 € 15 ct 10 € 10 ct 15 € 5 ct 19 € 18 ct 17 € 9 ct

4

8 € + 2 € = __ € 13 ct + 6 ct = __ ct 14 € − 3 € = __ €

5 € + 4 € = __ € 17 ct + 2 ct = __ ct 19 € − 9 € = __ €

11 € + 8 € = __ € 20 € − 7 € = __ € 18 ct − 5 ct = __ ct

5

10 € + 3 € + 6 € = __ €

20 € − 5 € − 3 € = __ €

18 ct − 8 ct − 2 ct = __ ct

6

__ € − 3 € − 2 € = 12 €

__ € + 6 € + 3 € = 20 €

__ € − 4 € − 4 € = 10 €

WIEDERHOLE

6 ct + 4 ct 10 € − 9 € 9 € − 5 € + 2 €

3 ct + 5 ct 7 € − 7 € 3 € + 4 € + 2 €

1: Summen bestimmen 2 und 3: Beträge mit Rechengeld legen
4 und 5: Summen und Differenzen berechnen 6: Minuend und Summand berechnen

1

Ich kaufe	Das kostet	Ich gebe	Ich bekomme zurück
			10 € – 9 € = ___ €
			___ € – ___ € = ___ €
			___ € – ___ € = ___ €
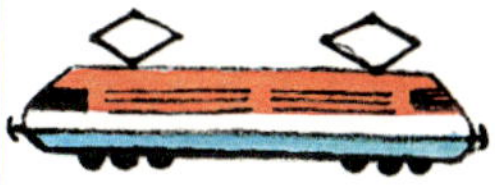			___ € – ___ € = ___ €

2 Wer hat mehr Geld? Rechne und vergleiche.

Tom:  oder Lisa: 

5 € + 5 € + 2 € = ___ €   ___ € + 2 € + 2 € = ___ €

Maria:  oder Ben: 

___ € + ___ € + ___ € = ___ €   ___ € + ___ € + ___ € = ___ €

3 Lisa hat für 6 € eingekauft. Sie bezahlt mit: 
Welche Geldrückgaben sind richtig?

○ 	○ 	○ 	○ 

1: Subtraktionsaufgaben finden und lösen
2: Additionsaufgaben bilden und lösen; Geldbeträge vergleichen
3: Differenz berechnen, vergleichen und entscheiden

Addieren mit Zehnerübergang

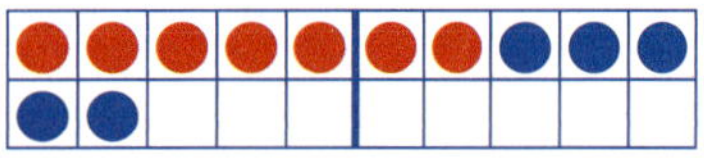

7 + 5 = ☐☐

So kannst du rechnen:

7 + 5
3 + 2
7 + 3 = 10
10 + 2 = 12
7 + 5 = 12

- ○ Zerlege die zweite Zahl.
- ○ Ergänze zum Zehner.
- ○ Addiere den Rest.

So kannst du schreiben:

7 + 5
7 + 3 = 10
10 + 2 = 12
7 + 5 = 12

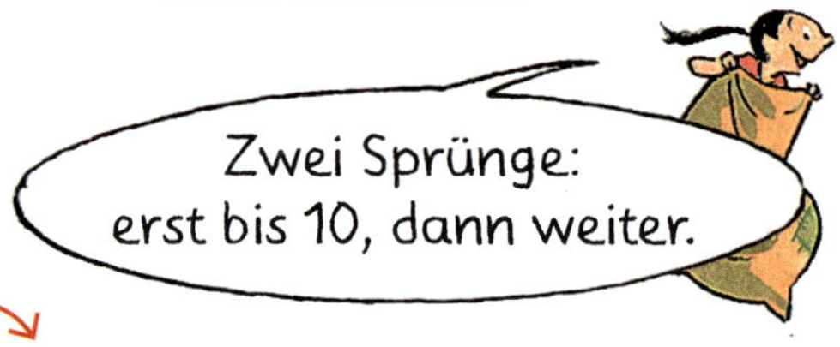

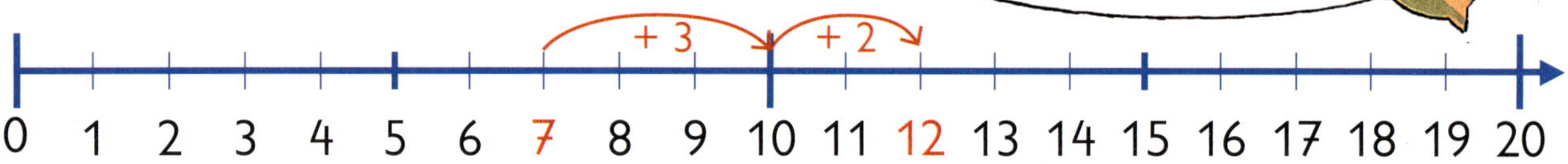

Lege die Aufgaben mit Plättchen.
Rechne dann.

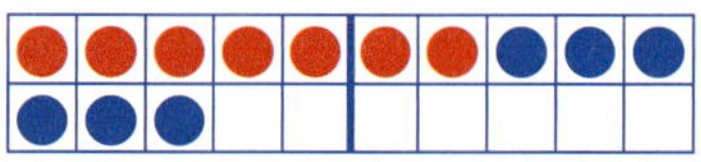

7 + 6
7 + 3 = ☐☐
10 + 3 = ☐☐
7 + 6 = ☐☐

1
9 + 5
9 + ☐ = ☐☐
☐☐ + 4 = ☐☐
9 + 5 = ☐☐

2
6 + 6
6 + ☐ = ☐☐
☐☐ + ☐ = ☐☐
6 + 6 = ☐☐

3
8 + 7
8 + ☐ = ☐☐
☐☐ + ☐ = ☐☐
8 + 7 = ☐☐

1. 6 + 4, 3 + 7
2. 2 + 8, 8 + 2
3. 9 + 1, 5 + 5
4. 4 + 6, 4 + 4
5. 1 + 9, 7 + 3

WIEDERHOLE

 1 bis 3: Aufgaben im Zwanzigerfeld legen; Rechenschritte kommentieren

1 Tom schreibt seinen Rechenweg so auf:

Was hat er anders gemacht?

7	+	5	=		7	+	3	+	2
7	+	5	=	1	0	+	2		
7	+	5	=	1	2				

2 Rechne wie Tom.

8 + 3 = 8 + 2 + 1
8 + 3 = 10 + ▢
8 + 3 = ▢▢

9 + 7 = 9 + ▢ + ▢
9 + 7 = 10 + ▢
9 + 7 = ▢▢

7 + 6 = ▢ + ▢ + ▢
7 + 6 = ▢▢ + ▢
7 + 6 = ▢▢

Du kannst auch wie Anna oder Max rechnen:

Erkläre wie diese Kinder rechnen.

8 + 6 = ▢▢

Anna rechnet so:
8 + 8 = 16, dann −2
16 − 2 = 14
Also ist
8 + 6 = 14.

Max rechnet so:
7 + 7 = 14
Also ist
8 + 6 = 14.

3 Rechne wie Anna oder Max.

6 + 5 = ▢▢   8 + 7 = ▢▢   7 + 5 = ▢▢   7 + 9 = ▢▢

4 Welche Aufgabe gehört zum Punktbild? Schreibe auf und löse sie.

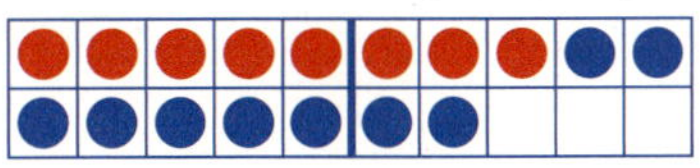

8 + ▢ = ▢▢

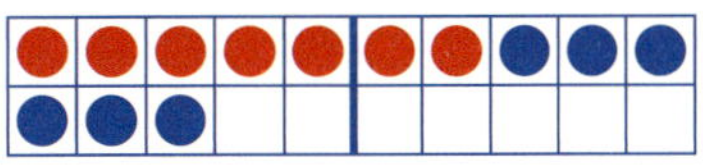

▢ + ▢ = ▢▢

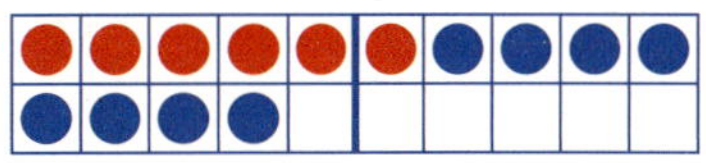

▢ + ▢ = ▢▢

5 Rechne wie du möchtest.

6 + 7 = ▢▢   9 + 6 = ▢▢   4 + 7 = ▢▢   7 + 5 = ▢▢
9 + 5 = ▢▢   6 + 5 = ▢▢   9 + 8 = ▢▢   8 + 9 = ▢▢
8 + 4 = ▢▢   9 + 4 = ▢▢   6 + 6 = ▢▢   9 + 3 = ▢▢

1: Rechenwege erfassen und sprachlich darstellen 2: Nach gegebenen Rechenwegen addieren
3: Rechenweg auswählen und addieren 4: Aufgaben zum Punktbild finden und lösen
5: Rechenweg auswählen und addieren

Subtrahieren mit Zehnerübergang

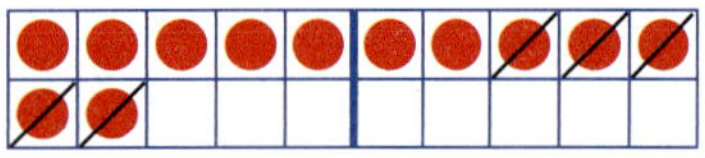

12 − 5 = ☐

So kannst du rechnen:

12 − 5
2 + 3
12 − 2 = 10
10 − 3 = 7
12 − 5 = 7

- ○ Zerlege die zweite Zahl.
- ○ Subtrahiere zum Zehner.
- ○ Subtrahiere den Rest.

So kannst du schreiben:

12 − 5
12 − 2 = 10
10 − 3 = 7
12 − 5 = 7

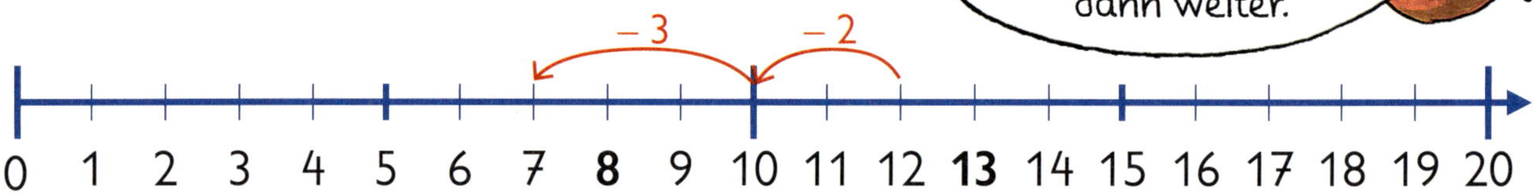

Lege die Aufgaben mit Plättchen.
Rechne dann.

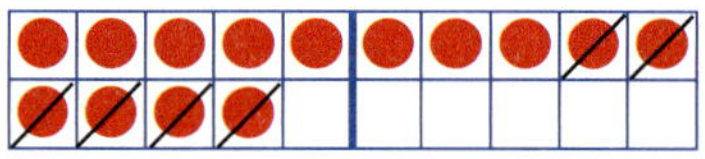

14 − 6
14 − 4 = ☐☐
10 − 2 = ☐☐
14 − 6 = ☐

1 11 − 7
11 − ☐ = 10
10 − ☐ = ☐
11 − 7 = ☐

2 17 − 8
17 − ☐ = 10
10 − ☐ = ☐
17 − 8 = ☐

3 15 − 9
15 − ☐ = ☐☐
☐☐ − ☐ = ☐
15 − 9 = ☐

WIEDERHOLE

1. 18 − 8, 14 − 4
2. 19 − 9, 11 − 1
3. 17 − 6, 16 − 6
4. 15 − 6, 13 − 3
5. 12 − 2, 10 − 0

1 bis 3: Aufgaben im Zwanzigerfeld legen; Rechenschritte festigen
W: Subtraktion festigen

AH 53 | TÜ 51

1 Maria schreibt ihren Rechenweg so auf:

Was hat sie anders gemacht?

1	2	–	8	=	1	2	–	2	–	6
1	2	–	8	=	1	0	–	6		
1	2	–	8	=		4				

2 Rechne wie Maria.

12 – 5 = 12 – 2 – 3 15 – 7 = 15 – ☐ – ☐ 14 – 6 = ☐☐ – ☐ – ☐

12 – 5 = 10 – ☐ 15 – 7 = 10 – ☐ 14 – 6 = ☐☐ – ☐

12 – 5 = ☐ 15 – 7 = ☐ 14 – 6 = ☐

Du kannst auch wie Anna oder Max rechnen.

Erkläre wie diese Kinder rechnen.

Anna rechnet so:
Wenn 7 + 7 = 14,
dann ist 14 – 7 = 7
und 14 – 6 = 8.

14 – 6 = ☐

Max rechnet so:
14 – 6 = 10 – 6 + 4
14 – 6 = 4 + 4
14 – 6 = 8

3 Rechne wie Anna oder Max.

12 – 7 = ☐ 15 – 8 = ☐ 13 – 6 = ☐ 17 – 9 = ☐

4 Finde zum Punktbild die richtige Aufgabe.
Schreibe sie auf und löse sie.

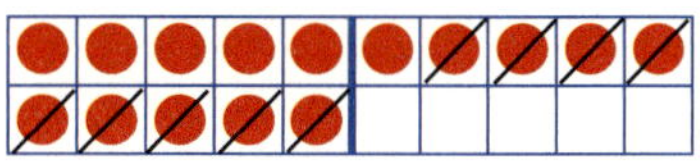

15 – ☐ = ☐

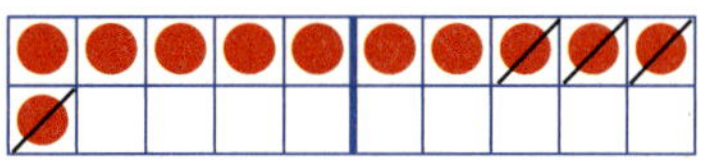

☐☐ – ☐ = ☐

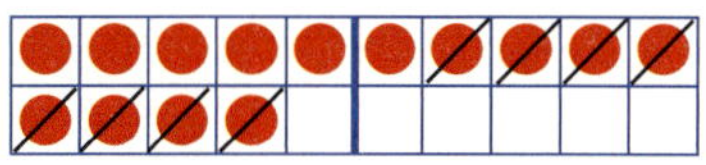

☐☐ – ☐ = ☐

5 Rechne wie du möchtest.

13 – 6 = ☐ 11 – 6 = ☐ 16 – 7 = ☐ 18 – 9 = ☐

14 – 5 = ☐ 13 – 9 = ☐ 15 – 6 = ☐ 16 – 8 = ☐

13 – 4 = ☐ 12 – 8 = ☐ 14 – 7 = ☐ 12 – 7 = ☐

Addieren und Subtrahieren mit Zehnerübergang

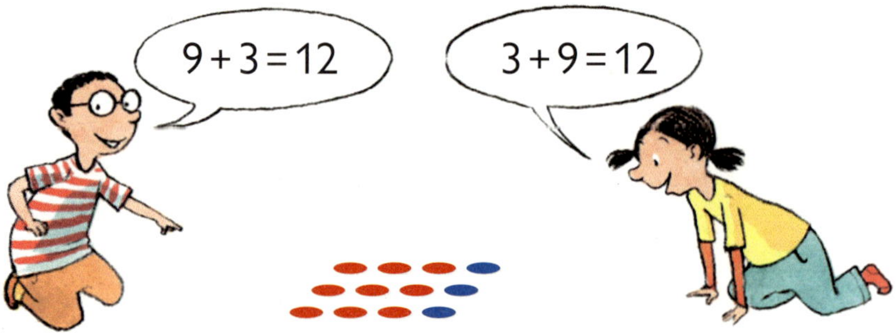

1 Rechne.
Vertausche die Summanden.
Vergleiche die Ergebnisse.

8 + 4 =	8 + 6 =	4 + 9 =	6 + 5 =
4 + 8 =	7 + 9 =	5 + 7 =	3 + 8 =

2 Vervollständige den Satz in deinem Heft:

3 + 9 = 12
9 + 3 = 12

Die Summanden darf man ______________________.

Die Summe bleibt ______________________.

Bilde Aufgaben und löse sie.

3

8 + 3=

4

13 − 3 =

5

7 ct + 6 ct = ct	9 ct + 5 ct = ct	6 ct + 8 ct = ct
12 ct − 4 ct = ct	14 ct − 8 ct = ct	15 ct − 9 ct = ct
16 ct − 7 ct = ct	5 ct + 7 ct = ct	18 ct − 9 ct = ct
7 ct + 9 ct = ct	16 ct − 8 ct = ct	7 ct + 8 ct = ct

1: Addieren mit und ohne Vertauschen der Summanden 2: Merksatz vervollständigen
3 und 4: Additions- und Subtraktionsaufgaben bilden und lösen
5: Addieren/Subtrahieren mit Geldbeträgen

Rechne vorteilhaft.

6 + 9 = ☐☐
weil 10 − 1 = 9 ist,
rechne 6 + 10 − 1 = 15

15 − 9 = ☐
Rechne erst: 15 − 10 = 5
Rechne dann: 5 + 1 = 6
15 − 9 = 6

1

4 + 9	7 + 9	3 + 9
8 + 9	5 + 9	9 + 9

2

13 − 9	16 − 9	17 − 9
12 − 9	14 − 9	18 − 9

Bilde Aufgabenfamilien.

3 9 7 16

9 + 7 = 16 16 − 9 = ☐
7 + ☐ = ☐☐ 16 − ☐ = ☐

4 8 5 13

☐ + ☐ = ☐☐ ☐☐ − ☐ = ☐
☐ + ☐ = ☐☐ ☐☐ − ☐ = ☐

5 6 8 14

6 9 13 4

7

− 8 →	
13	
17	
	7
	4

+ 9 →	
7	
5	
	15
	12

8 <, = oder >

6 + 7	◯	12	13 − 4	◯	8
4 + 8	◯	13	16 − 8	◯	9
7 + 7	◯	14	15 − 7	◯	7
9 + 6	◯	15	12 − 6	◯	6

9

Rechenmauer 1: oben 12; Mitte ☐ ☐; unten 3 3 3

Rechenmauer 2: oben ☐; Mitte ☐ ☐; unten 9 4 2

Rechenmauer 3: oben 16; Mitte 9 ☐; unten ☐ 4 ☐

10

Rechendreieck 1 (+): 5, 7, 6

Rechendreieck 2 (+): 9, 7, 8

Rechendreieck 3 (+): 7, 4, 8

Gleichungen und Ungleichungen

8 + 4 = 12

12 = 7 + 5

1

16 + 4 = ☐
9 + 8 = ☐
7 + 11 = ☐
5 + 9 = ☐
8 + 7 = ☐

19 − 8 = ☐
16 − 7 = ☐
12 − 9 = ☐
18 − 8 = ☐
17 − 9 = ☐

17 + ☐ = 20
14 + ☐ = 18
16 + ☐ = 19
19 − ☐ = 15
20 − ☐ = 17

2

☐ + 14 = 19
☐ + 11 = 20
☐ + 3 = 16
☐ − 6 = 14
☐ − 4 = 15

16 = 13 + ☐
20 = 12 + ☐
17 = 20 − ☐
14 = 20 − ☐
11 = 17 − ☐

☐ = 6 + 11
☐ = 10 + 10
☐ = 9 + 4
☐ = 12 − 6
☐ = 20 − 8

3 Wahr (w) oder falsch (f)?
Überprüfe das Ergebnis mit der Umkehraufgabe.

8 + 9 = 17
4 + 8 = 12

14 − 9 = 6
15 − 7 = 8

20 = 13 + 6
20 = 9 + 11

15 = 20 − 5
9 = 14 − 5

1 und 2: Platzhalter mit Zahlen belegen
3: Umkehroperation zur Überprüfung anwenden

AH 55 | TÜ 54

12 > 12 − 5 12 − 5 < 12

1 Setze das richtige Zeichen: < = >.

12 + 5 ◯ 19	11 + 2 ◯ 13
6 + 11 ◯ 16	15 − 4 ◯ 12
9 + 7 ◯ 20	19 − 5 ◯ 11
10 + 4 ◯ 14	16 + 2 ◯ 19
9 + 9 ◯ 18	13 + 7 ◯ 20

2 Welche Zahlen kannst du einsetzen?

13 + □ < 20	12 + □ > 15
17 + □ < 19	14 + □ > 18
12 + □ < 15	8 + □ > 13
16 − □ < 11	20 − □ > 17
19 − □ < 17	17 − □ > 11

WIEDERHOLE

1. Setze das richtige Zeichen: < = >.
7 ◯ 9   13 ◯ 11   16 ◯ 20   4 ◯ 4   17 ◯ 7   18 ◯ 18
2. 9 + 8   6 + 9   14 − 7   19 − 9   6 + 13   16 − 8

1: Relationszeichen eintragen 2: Platzhalter mit Zahlen belegen, die die Ungleichung erfüllen
W: 1: Zahlen vergleichen und Relationszeichen setzen 2: Addieren und Subtrahieren

Sachaufgaben – Fragen finden und beantworten

1 Die Klasse macht einen Ausflug.

Das sehe ich auf dem Bild:

□ Kinder sind im Bus.

□ Kinder stehen vor dem Bus.

Danach frage ich:

____

So kann ich rechnen: □ ○ □ = □□

Das ist die Antwort auf die Frage:

____

2 Auf einer Wiese sehen die Kinder Kühe, Pferde und Schafe.

Das sehe ich auf dem Bild:

□ Kühe

□ Pferde

□ Schafe

Danach frage ich:

____

So kann ich rechnen: □ ○ □ ○ □ = □□

Das ist die Antwort auf die Frage:

____

3 Wonach kannst du fragen? Antworte auf die Frage.

1 und 2: Nach vorgegebener Schrittfolge lösen
3: Schrittfolge selbstständig nachvollziehen

AH 56 | TÜ 55–56

Im Regal stehen 7 Bücher. Tom stellt 9 Bücher dazu. Wie viele Bücher sind es insgesamt?

Das steht in der Aufgabe:
7 Bücher stehen im Regal.
9 Bücher stellt Tom dazu.

Danach wird gefragt:
Wie viele Bücher sind es zusammen?

So kann ich rechnen:
7 + 9 = **16**

Das ist die Antwort auf die Frage:
Es sind zusammen **16** Bücher.

1 Maria hat 17 Sticker. Sie verschenkt davon 8 Sticker. Wie viele Sticker hat sie dann noch?

Das steht in der Aufgabe:
☐☐ Sticker hat Maria.
☐ Sticker verschenkt sie.

Danach wird gefragt:

____

So kann ich rechnen:
☐☐ ◯ ☐ = ☐

Das ist die Antwort auf die Frage:

____

Kombinieren

1 Wie viele verschiedene Türme kannst du bauen?
Lege die Möglichkeiten mit Plättchen.

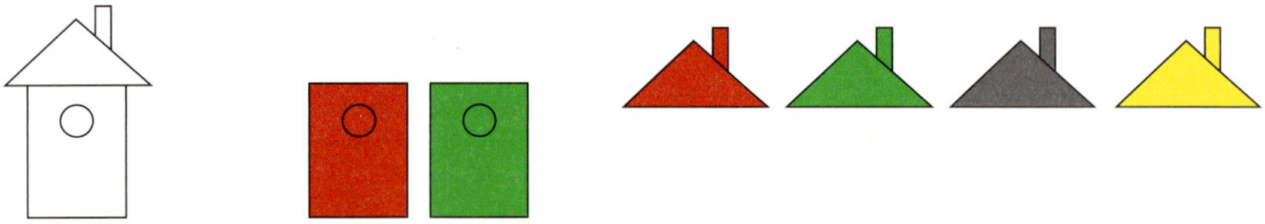

2 Wie viele verschiedene Boote kannst du bauen?
Trage die Möglichkeiten in eine Tabelle ein.

Segel									
Rumpf									

3 Max und Lisa legen mit ihren Ziffernkarten zweistellige Zahlen.
Welche Zahlen sind das? Schreibe alle auf.

4 Welche Wörter sind in den Buchstabendreiecken versteckt?
Wie viele Möglichkeiten findest du, diese Wörter zu lesen?

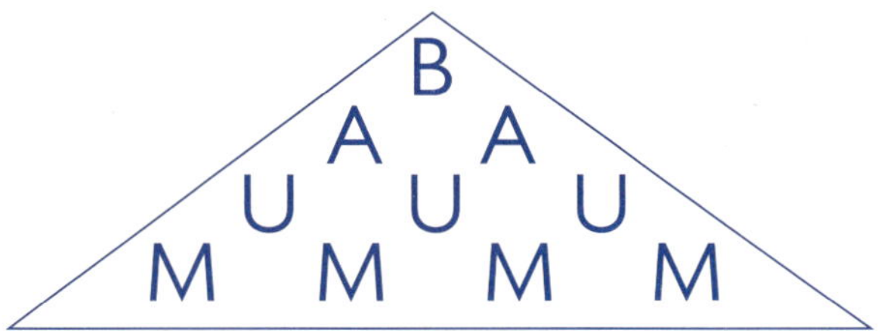

1 und 2: Alle Möglichkeiten durch Legen bzw. Eintragen in die Tabelle ermitteln
3: Alle Zahlen aufschreiben; Anzahl vergleichen
4: Wörter finden; Möglichkeiten des Lesens durch Linien einzeichnen

AH 57–59

1 Wie viele verschiedene Möglichkeiten hat Tom, sich mit diesen 5 Kleidungsstücken umzuziehen? Vervollständige die Tabelle im Heft.

2 Lege die Figuren mit 8 Dreiecken. Finde weitere Figuren.

3 Wie viele verschiedene Wege findest du, um von der Schule zur Schwimmhalle zu kommen? Zeige deinem Lernpartner die Wege.

1: Kombinationsmöglichkeiten finden und in die Tabelle eintragen
2: Weitere Kombinationsmöglichkeiten mit 8 Dreiecken finden
3: Verschiedene Wege finden, ihren Verlauf kennzeichnen und beschreiben

Gekrümmte und gerade Linien

Gekrümmte Linien

Gerade Linien (Geraden)

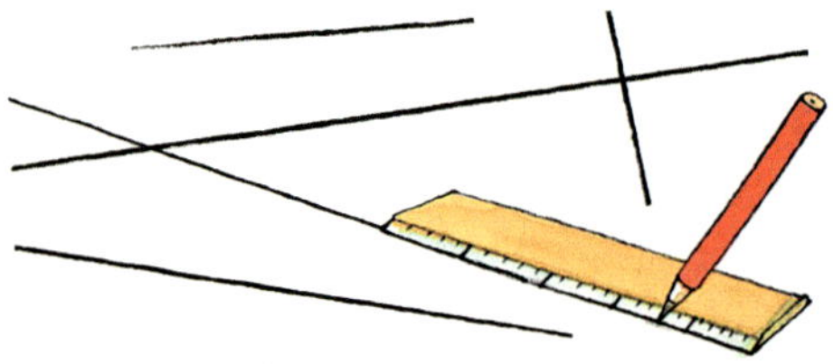

1 Lege mit Fäden oder mit Stäbchen nach. Setze fort.

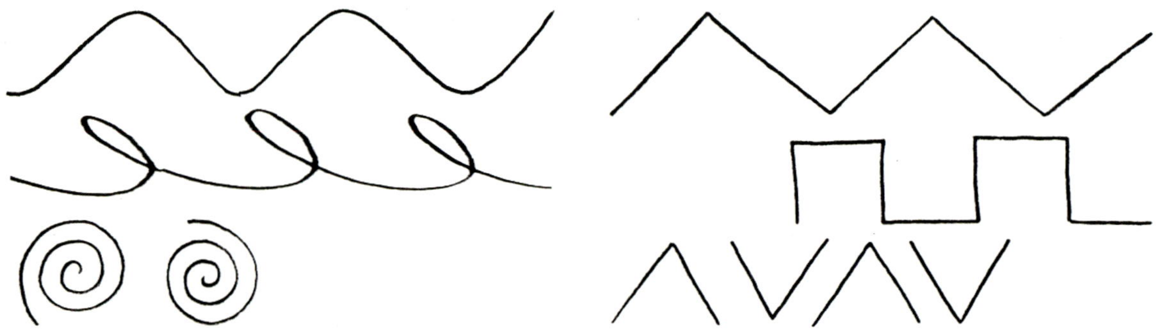

2 Finde gekrümmte und gerade Linien.

A D F G R M

1 8 4 7 2 5

Bild: Kennen lernen von gekrümmten und geraden Linien
1: Nachlegen mit Fäden oder Stäbchen
2: Erkennen und Zeigen von gekrümmten und geraden Linien (evtl. nachziehen)

Geraden und Punkte

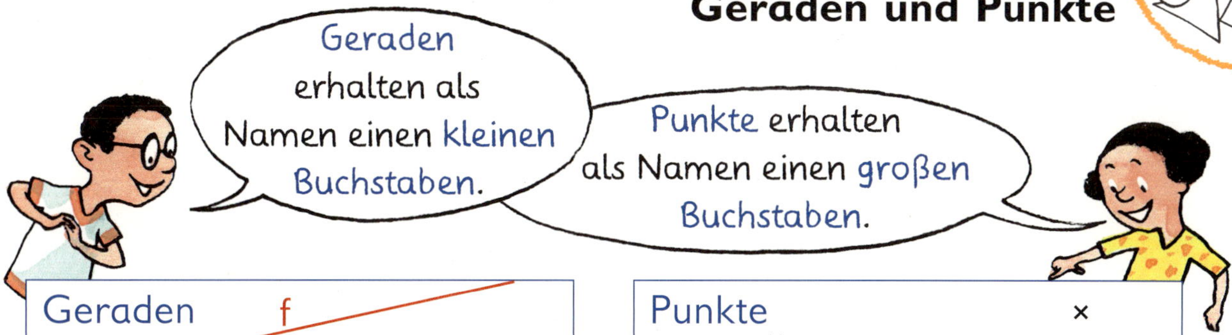

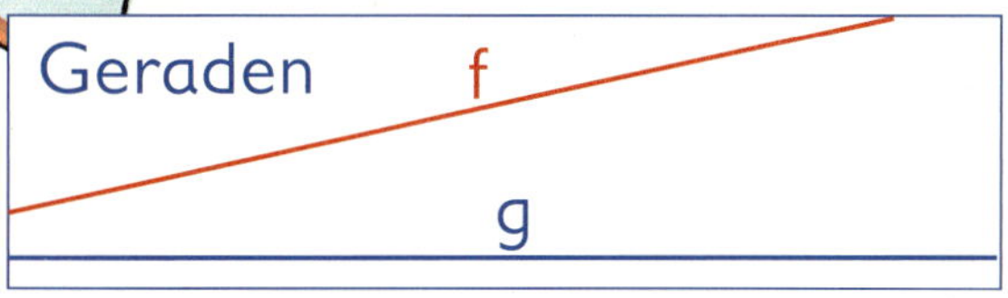

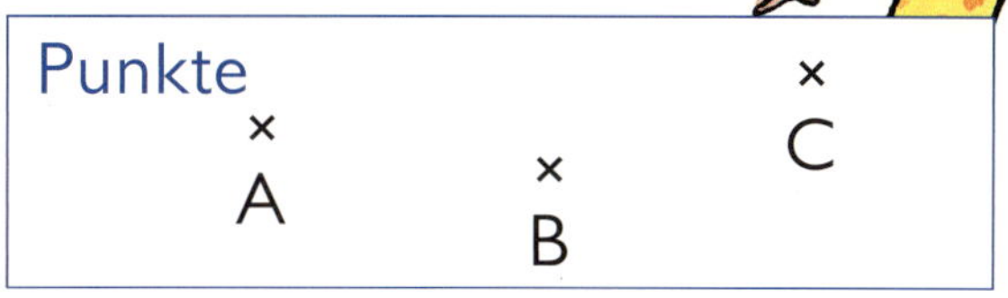

1 Wo liegen die Punkte? Beschreibe ihre Lage.

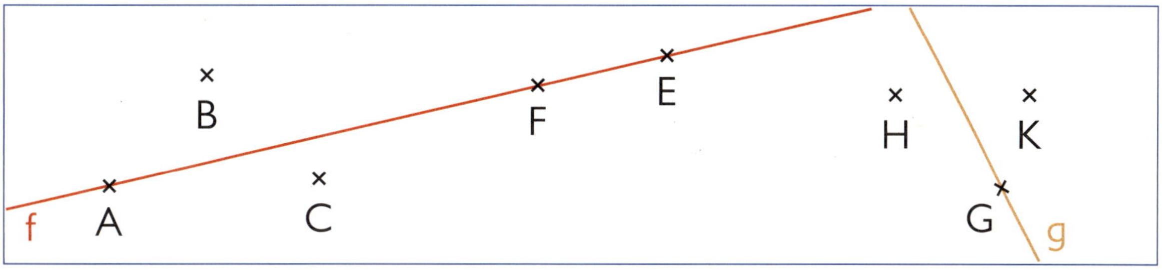

2 Nenne 3 Punkte, die auf einer Geraden liegen.
Lege dazu das Lineal an.

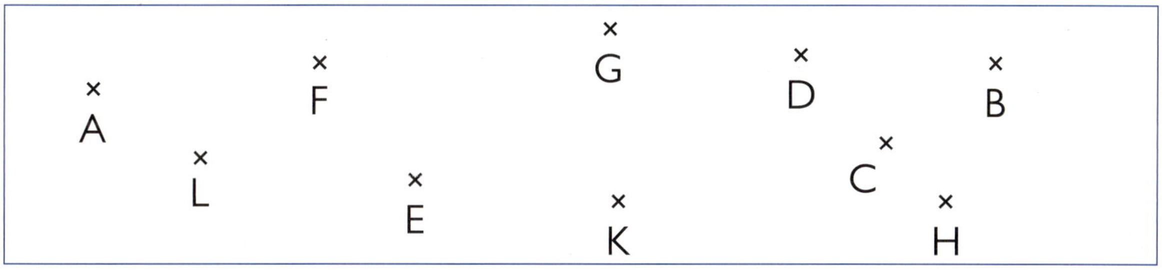

3 Wo könnten die Punkte liegen? Zeige.
C liegt auf der Geraden g zwischen A und B.
F liegt auf der Geraden g links von A.
K liegt über der Geraden g. D liegt unter der Geraden g.
H liegt auf der Geraden g rechts von B.

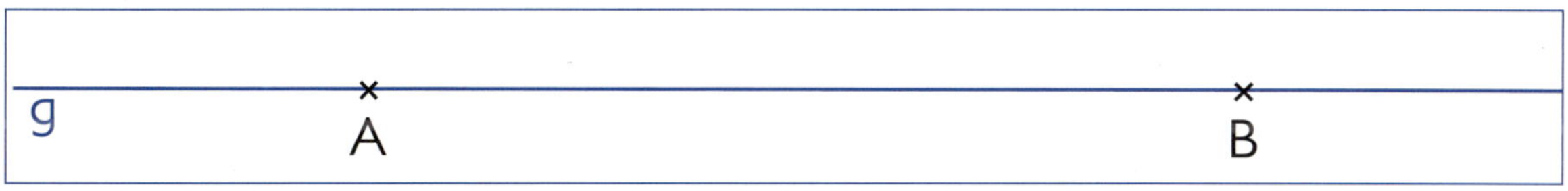

Strecken

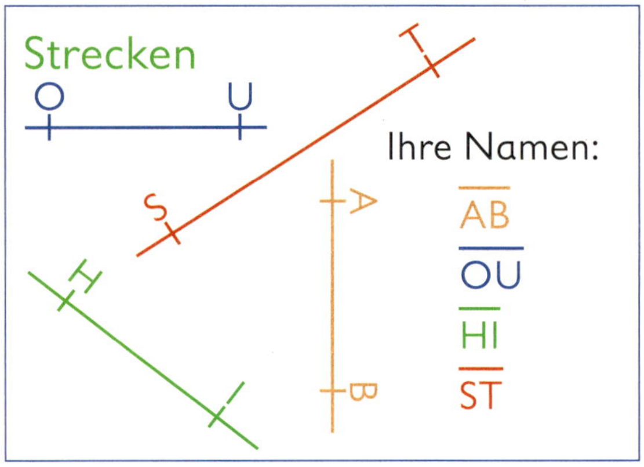

1 Vergleiche die Länge der Strecken.

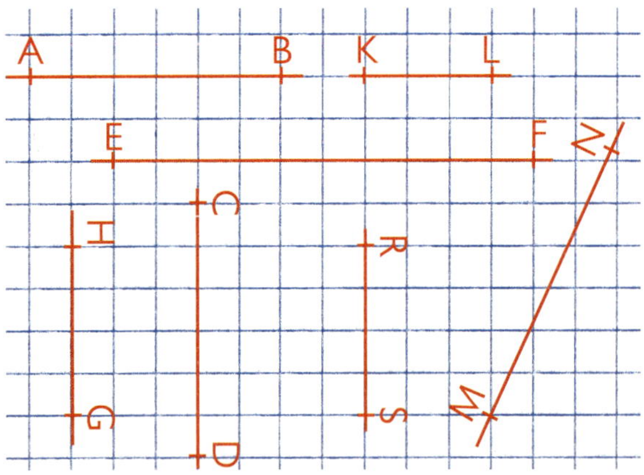

Die Strecke $\overline{AB}$ ist kürzer als die Strecke $\overline{EF}$.

Die Strecke $\overline{CD}$ ist länger als die Strecke ___.

Die Strecke $\overline{HG}$ und die Strecke ___ sind gleich lang .

2 Finde an den Dreiecken und Vierecken gleich lange Strecken.

Bild: Strecken entdecken und inhaltlich erfassen; Eigenschaften von Strecken erkennen
1: Vergleichen der Länge der Strecken 2: Finden von gleich langen Strecken

AH 60 | TÜ 57

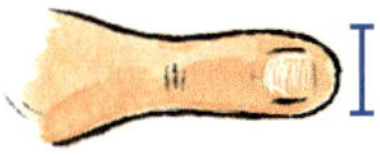	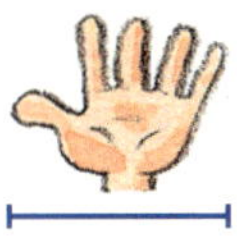	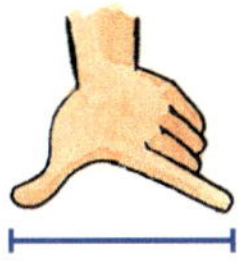	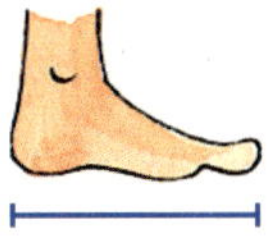	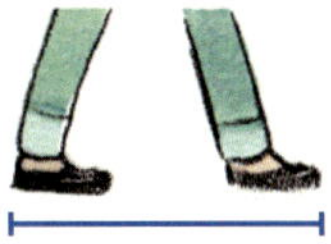	
Daumenbreite	Handspanne	Fingerspanne	Fuß	Schritt	Armspanne

1 Wie viel Fuß sind es? 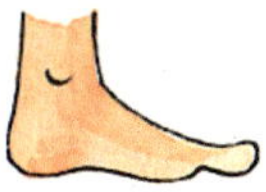

	geschätzt	gemessen
Breite der Tür:	__________	__________
Breite des Schrankes:	__________	__________

2 Wie viele Fingerspannen sind es?

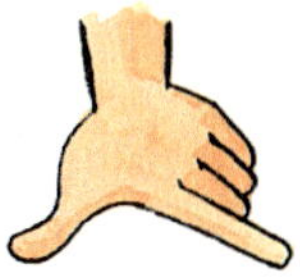

Breite des Schülertisches:	__________	__________
Länge der Fensterbank:	__________	__________

3 Wie viele Daumenbreiten sind es? 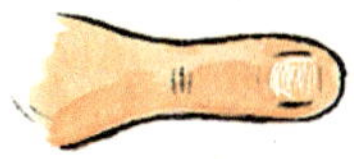

Breite des Hausaufgabenheftes:	__________	__________
Breite der Federmappe:	__________	__________

4 Vergleicht eure Ergebnisse miteinander. Was stellt ihr fest?

1 bis 4: Messen mit Körpermaßen; Angabe der Schätz- und Messergebnisse

Zentimeter

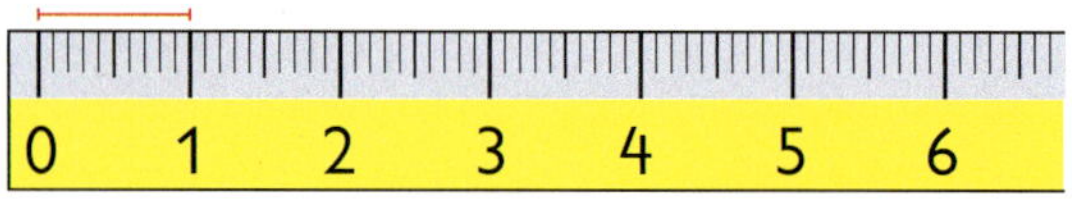

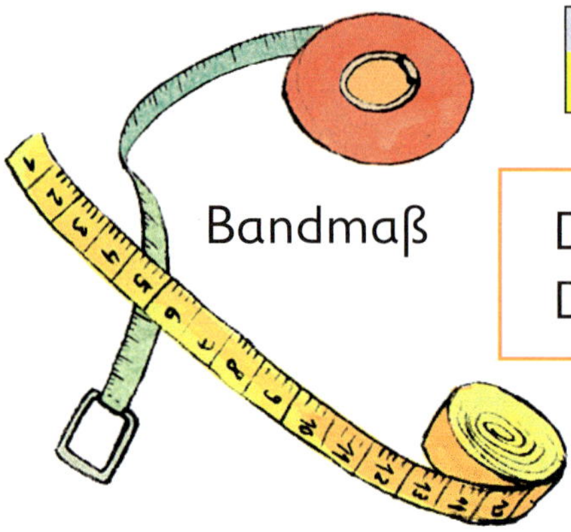

Bandmaß

Schneidermaßband

Du schreibst: 1 cm **MERKE DIR**
Du sprichst: ein Zentimeter

Geodreieck

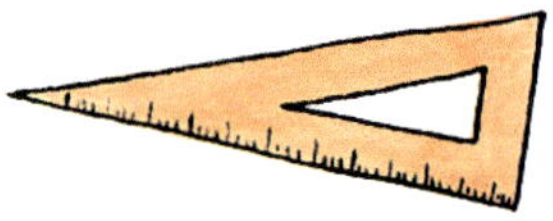

Zeichendreieck

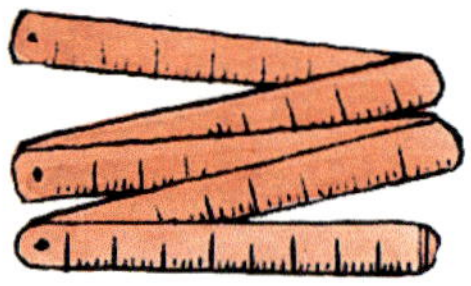

Gliedermaßstab
(Zollstock)

1 Wie lang sind die Gegenstände? Schätze und miss nach.

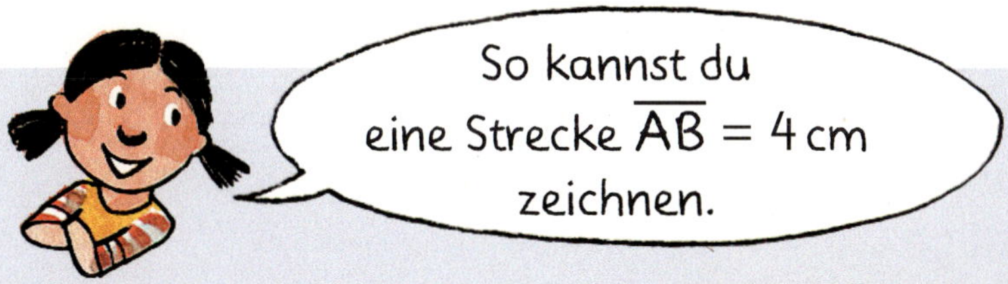

1. Zeichne eine Gerade g.
2. Trage auf g den Punkt A an.
3. Lege das Lineal mit der Null am Punkt A an.
4. Miss 4 cm ab und trage den Punkt B an.
5. Schreibe $\overline{AB}$ = 4 cm.

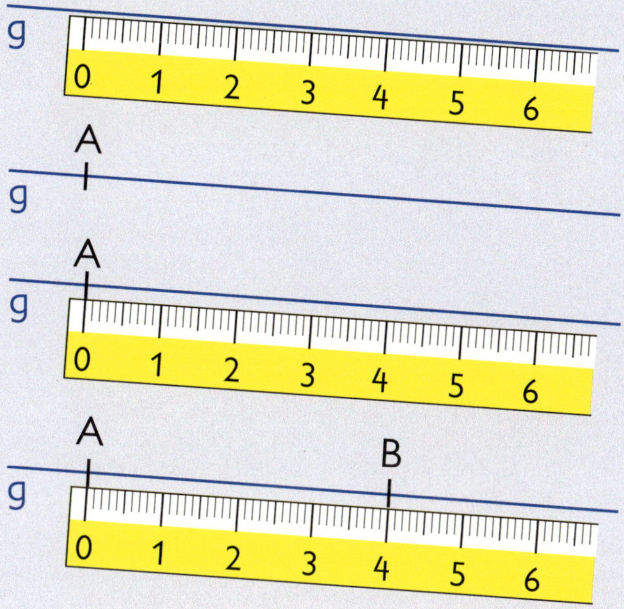

Zeichne Strecken.

1 $\overline{AB}$ = 6 cm

$\overline{EF}$ = 10 cm

$\overline{LM}$ = 3 cm

$\overline{MO}$ = 14 cm

2 $\overline{AB}$ = 6 cm
Zeichne eine Strecke $\overline{GH}$, die doppelt so lang ist wie $\overline{AB}$.

$\overline{EF}$ = 10 cm
Zeichne eine Strecke $\overline{CD}$, die halb so lang ist wie $\overline{EF}$.

3 Zeichne eine Strecke $\overline{AB}$, die dreimal so lang ist wie die Strecke $\overline{CD}$ = 4 cm.

WIEDERHOLE

1. Was ist die Hälfte von 6, 8, 10, 12, 18?
2. Was ist das Doppelte von 2, 5, 7, 8, 10?

1: Strecken nach vorgegebener Längenangabe zeichnen; verschiedene Lagemöglichkeiten aufzeigen
2 und 3: Die Begriffe „doppelt“, „halb“ und „dreimal“ verstehen und umsetzen
W: Halbieren und Verdoppeln wiederholen

Freundeseiten – Lernen mit dem Partner oder in der Gruppe

Bilder und Muster gestalten

1 Gestaltet ein Bild mit Dreiecken, Vierecken und Kreisen.
Diese Arbeitsmittel könnt ihr dazu nutzen:

Farbstifte | Schablone | Kartoffelstempel | Figurensatz | Schwämmchen

2 Erfindet verschiedene Muster aus Dreiecken und Vierecken.
So könnt ihr arbeiten:

- Auf Kästchenpapier zeichnen

- Mit dem Figurensatz oder mit Stäbchen legen

- Mit Würfeln bauen

- Papier falten und ausmalen.

Figuren spannen

3 Spanne Figuren, Buchstaben und Zahlen auf dem Geobrett.
Dein Partner spannt sie nach.

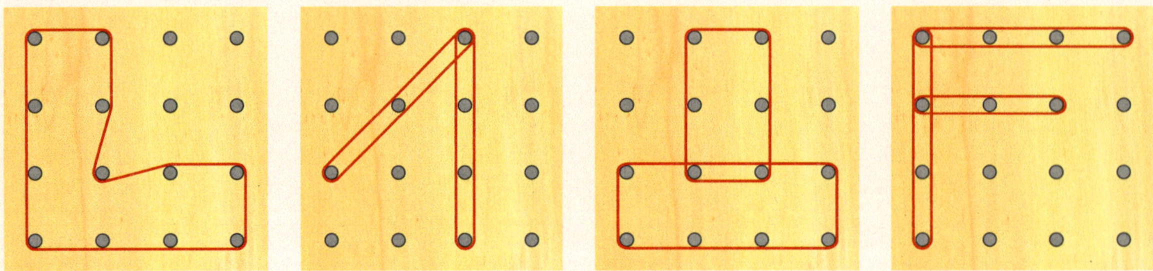

1: Gestalten eines Bildes aus Dreiecken
2: Muster aus Dreiecken und Vierecken erfinden; dabei verschiedene Arbeitstechniken anwenden
3: Spannen und Nachspannen auf dem Geobrett

Rechenmauern

1 Bildet eine Rechenmauer mit den Grundsteinen:

2 3 5

Vertauscht die Grundsteine. Was stellt ihr fest?

2 Erfindet drei Rechenmauern mit dem Zielstein 20.

20 20 20

3 Trage drei Zahlen in die Mauer ein.
Dein Partner findet die fehlenden Zahlen.

Geldbeträge

4 Du nennst einen Geldbetrag.
Dein Partner legt den Betrag
mit Rechengeld.

5 Lege 10 €. Finde verschiedene Möglichkeiten.

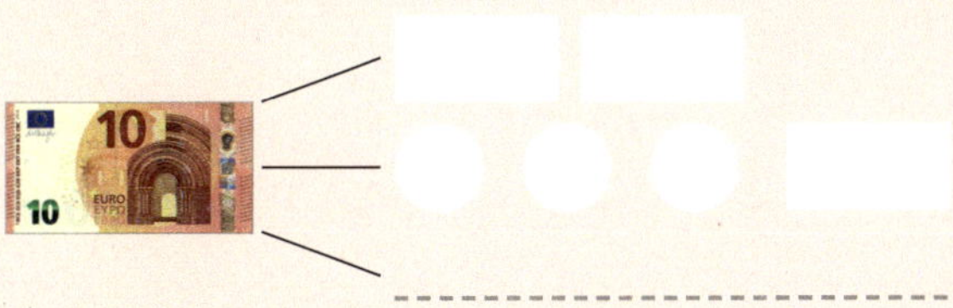

Kombinieren

6 Die Bausteine des Turmes dürfen nur mit den
Farben rot, blau und gelb ausgemalt werden.
Wie könnte der Turm aussehen?
Male alle Möglichkeiten auf.

1: Rechenmauern bauen; Erkennen, wann sich der Zielstein ändert
2: Rechenmauern bauen bei gleichem Zielstein 3: Rechenmauer finden
4 und 5: Geldbeträge legen 6: Alle Kombinationsmöglichkeiten finden

Kann ich das schon?

1 Entscheide: länger als, kürzer als oder gleich lang.

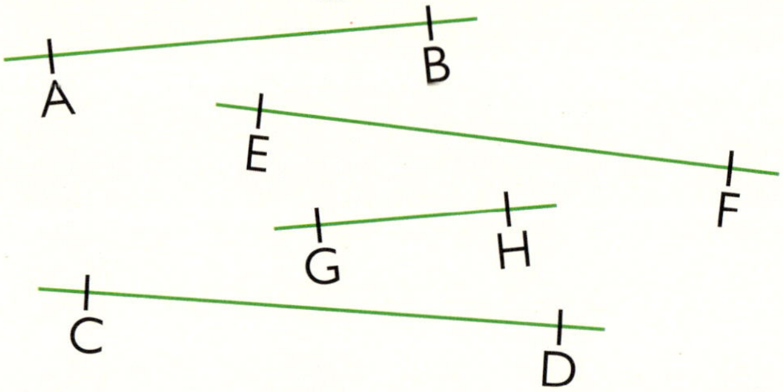

$\overline{CD}$ ist länger als ___.
___ und ___ sind gleich lang.
___ ist kürzer als ___.

2

Strecke	$\overline{AB}$	$\overline{BC}$	$\overline{CD}$	$\overline{DA}$
Länge	cm	cm	cm	cm

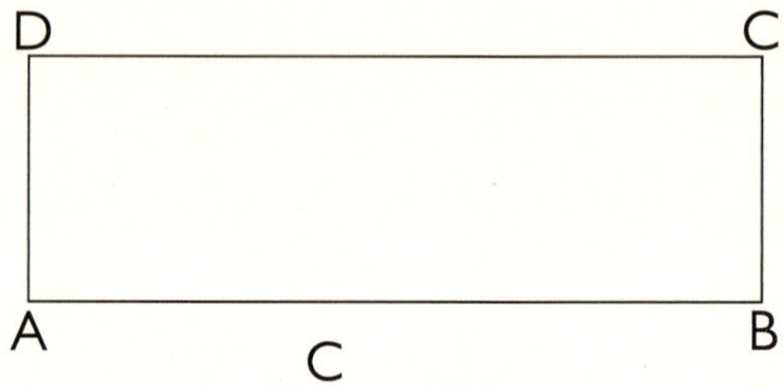

Strecke	$\overline{AB}$	$\overline{BC}$	$\overline{CA}$
Länge	cm	cm	cm

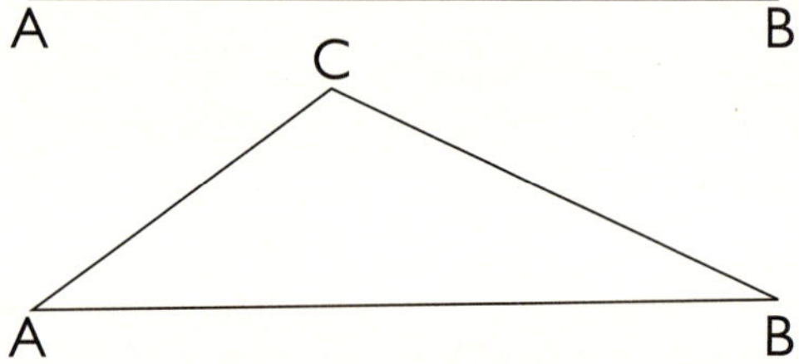

3
9 € + 7 € = ___ €
5 € + 8 € = ___ €
6 € + 6 € = ___ €

16 € − 6 € = ___ €
14 € − 9 € = ___ €
15 € − 7 € = ___ €

12 € + ___ € = 20 €
14 € − ___ € = 7 €
13 € − ___ € = 10 €

4
15 ct = 10 ct + ___ ct
17 ct = 9 ct + ___ ct
16 ct = 8 ct + ___ ct

5 ct + 7 ct + 6 ct = ___ ct
16 ct − 8 ct − 4 ct = ___ ct
20 ct − 7 ct − 9 ct = ___ ct

5 Setze das richtige Zeichen: < = >.

13 + 5 ◯ 19   12 + 4 ◯ 16   9 ◯ 15 − 7   7 + 9 ◯ 17

6
19 − 6 = ___
18 − 5 = ___
17 − 4 = ___
16 − ___ = ___
15 − ___ = ___

9 + 7 = ___
10 + 6 = ___
11 + 5 = ___
12 + ___ = ___
13 + ___ = ___

12 − 9 = ___
13 − 8 = ___
14 − 7 = ___
15 − ___ = ___
16 − ___ = ___

1 Zeichne eine Strecke $\overline{AB} = 6\,cm$.
Zeichne eine Strecke $\overline{EF}$, die doppelt so lang wie $\overline{AB}$ ist.

2 Schreibe die Aufgabenfamilien auf.

7 8 15   20 6 14   5 13 8   10 19 9

3 Lisa hat 14 Märchenbücher. 6 Bücher hat sie an Freunde aus ihrer Klasse verborgt. Wie viele Bücher kann sie noch verborgen?

4 Ben hat 9 €. Er bekommt von seinem Opa 4 € geschenkt.
Wie viel Euro hat er nun?

5 Welche geraden Zahlen liegen zwischen den Zahlen 6 und 18?
Welche ungeraden Zahlen sind größer als 9 und kleiner als 17?

6

2	7	3

9		
9		4

	13	
	7	
	4	

7

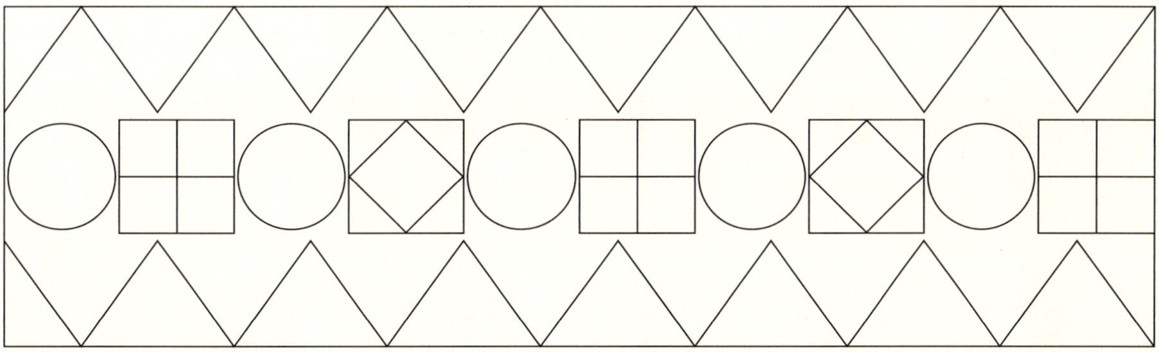

Wie viele △, □, ○ sind es?

8 Maria hat einen 10-Euro-Schein. 
Tom hat drei 1-Euro-Stücke und vier 2-Euro-Stücke.
Wer hat mehr Geld?

Die Zehnerzahlen bis 100

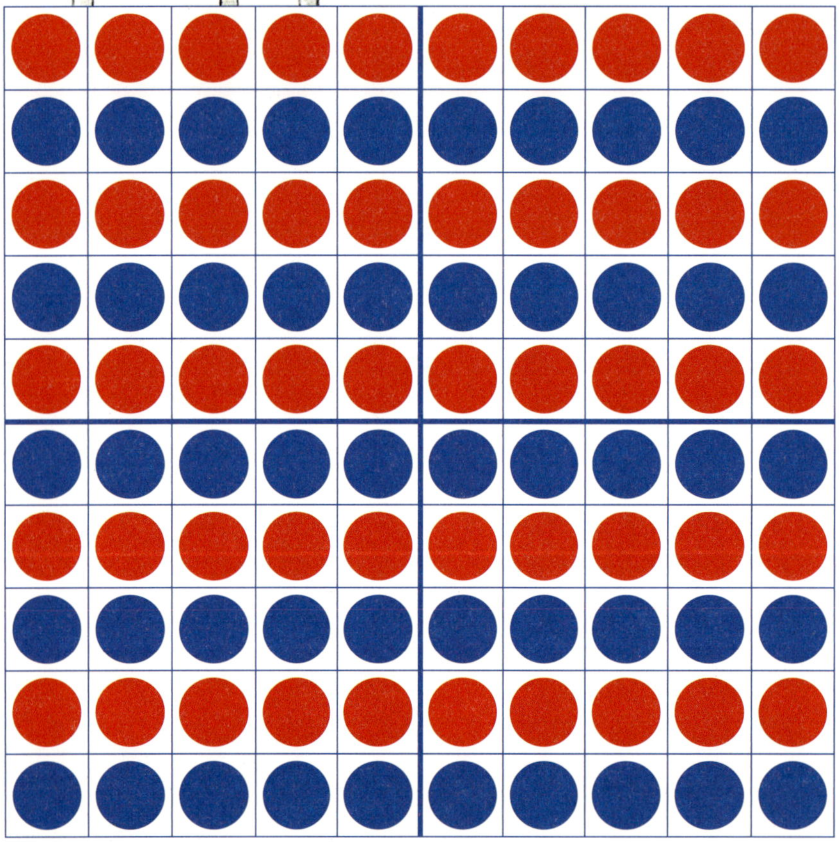

10

10 + 10 = 20

20 + 10 = 30

30 + 10 = 40

40 + 10 = 50

50 + 10 = 60

60 + 10 = 70

70 + 10 = 80

80 + 10 = 90

90 + 10 = 100

10 20 30 40 50 60 70 80 90 100

WIEDERHOLE

8 + 2 =	10 − 6 =	9 + 11 =	20 − 6 =
3 + 7 =	10 − 2 =	3 + 13 =	20 − 10 =
10 + 10 =	10 − 10 =	12 + 8 =	20 − 7 =

Bild: Wiedererkennen von Zehnerzahlen in der Umwelt; Zahlen nennen; Hunderterfeld und Zehnerzahlen besprechen; Schreibweise der Zehnerzahlen demonstrieren
W: Addition und Subtraktion bis 10 und bis 20 wiederholen

AH 62 | TÜ 59

1 Ordne die richtigen Zehnerzahlen zu.

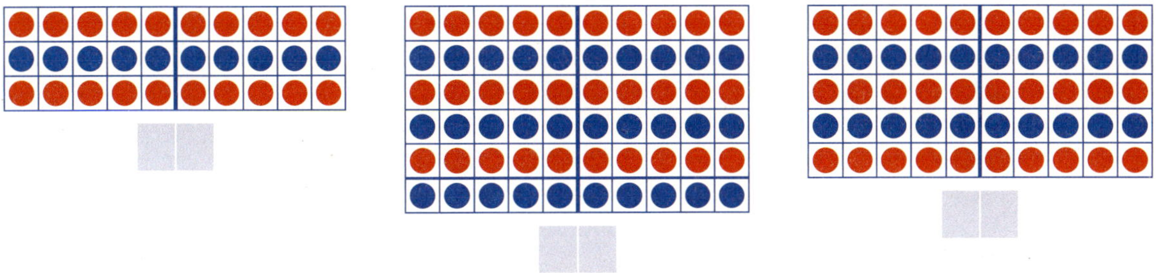

2 Lege: mit Zehnerstreifen, mit 10-Cent-Münzen.

40 20 80 50 70 30 100

60 ct, 90 ct, 30 ct, 80 ct

3 Wie viele Würfel siehst du?

4 Wie viel Geld ist das?

5 Lege mit Rechengeld.

30 ct, 50 ct, 80 ct, 90 ct, 20 €, 50 €, 100 €, 80 €, 40 €, 10 €

6 Führe die Zahlenfolgen weiter.

10, 20, …, 100 100, 90, …, 30 20, 40, …, 100

1: Zehnerzahlen erfassen und zuordnen 2: Zahlen mit Zehnerstreifen und 10-Cent-Münzen darstellen 3: Zehneranordnung erkennen; Anzahl benennen 4: Summe bestimmen 5: Beträge legen, verschiedene Möglichkeiten zulassen 6: Regel der Zahlenfolge erfassen und vervollständigen

Vergleichen und Ordnen von Zehnerzahlen

1 Vergleiche.

4 ○ 6 | 7 ○ 5 | 3 ○ 9 | 6 ○ 8 | 10 ○ 1

40 ○ 60 | 70 ○ 50 | 30 ○ 90 | 60 ○ 80 | 100 ○ 10

2 Setze das richtige Zeichen: < = >.

60 ○ 90 | 50 ○ 40 | 30 ○ 40 | 60 ○ 60 | 90 ○ 20

100 ○ 10 | 70 ○ 70 | 80 ○ 40 | 20 ○ 50 | 70 ○ 90

3 Ordne.

Beginne mit der **kleinsten** Zahl. 60, 90, 30, 50, 80, 100, 40

Beginne mit der **größten** Zahl. 70, 30, 90, 10, 40, 50, 60

4

WIEDERHOLE

1. Vergleiche.
   7 ○ 4 | 16 ○ 19
2. Ordne. Beginne mit der größten Zahl.
   4, 12, 7, 9, 19, 5, 16, 20, 13, 2, 10

1 und 2: Zahlen vergleichen, Relationszeichen setzen
3: Zahlen nach Vorschrift ordnen 4: Zehnerzahlen nennen
W: 1: Vergleichen und Relationszeichen setzen 2: Zahlen nach Vorschrift ordnen

AH 62 | TÜ 59

Addieren
50 + 30

wenn 5 + 3 = 8
dann 50 + 30 = 80

Subtrahieren
80 − 30

wenn 8 − 3 = 5
dann 80 − 30 = 50

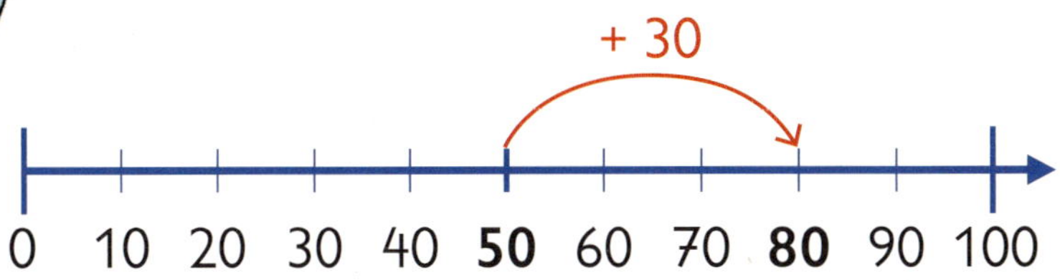

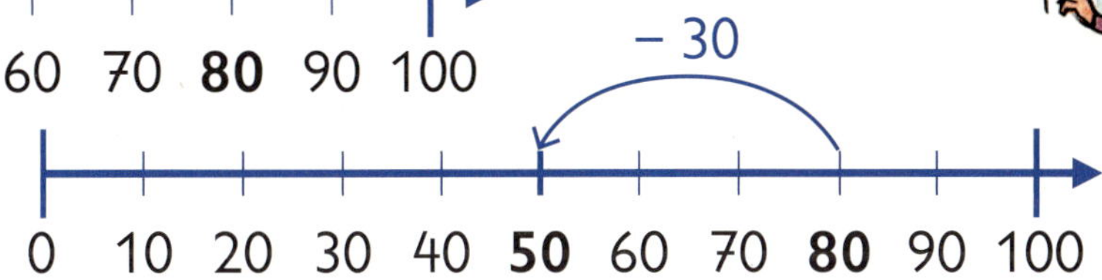

1 Löse erst die bekannte Aufgabe.

60 + 20	80 + 20	30 + 60	50 + 30
6 + 2 = ___	8 + 2 = ___	___ + ___ = ___	___ + ___ = ___
60 + 20 = ___	80 + 20 = ___	30 + 60 = ___	50 + 30 = ___

2 Berechne die Summen und Differenzen.

40 + 10 = ___	40 + 50 = ___	80 − 30 = ___
10 + 80 = ___	90 − 60 = ___	100 − 20 = ___

3 Bilde Aufgabenfamilien.

70 20 90

70 + 20 = 90 90 − 20 = 70
20 + ___ = ___ 90 − ___ = ___

30 50 80

30 + 50 = 80 80 − 50 = ___
50 + ___ = ___ 80 − ___ = ___

40 60 100
30 70 40
70 10 80
60 90 30
30 10 40
20 80 60
70 50 20
70 100 30

1: Bekannte Aufgaben lösen und Lösung übertragen
2: Begriffe „Summe“ und „Differenz“ verstehen; Aufgaben lösen
3: Aufgabenfamilien bilden

Alle Zahlen bis 100 – die Hundertertafel

1 Welche Zahlen sind hier dargestellt?

2 Lege folgende Zahlen: 56, 74, 26, 89, 93, 42, 33, 70 und 62.
Denke dir weitere Zahlen aus.

3 Zerlege in Zehner und Einer.

	Z	E
42	4	2
36		
27		
80		

	Z	E
69		
77		
91		
58		

4 Wie heißt die Zahl?

	Z	E
	3	7
	5	9
	6	1
	2	8

	Z	E
	9	9
	6	0
	4	1
	8	3

5 Nenne die Zahlen.

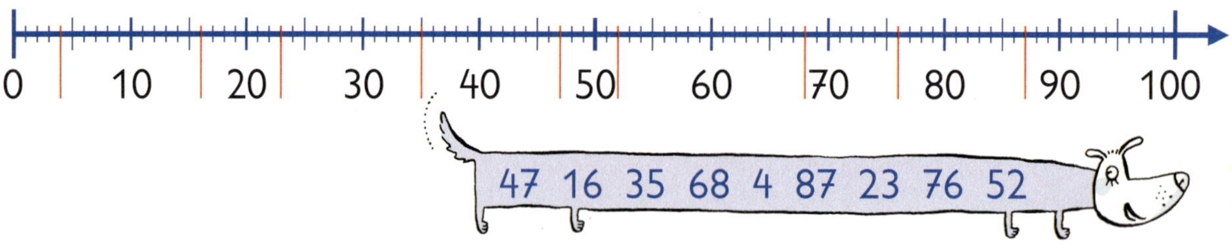

6 Zeige das Alter von Toms Familie am Zahlenstrahl.

Tom	Mama	Papa	Oma	Opa
7 Jahre alt	30 Jahre alt	33 Jahre alt	61 Jahre alt	67 Jahre alt

1: Dargestellte Zahlen benennen 2: Zahlen mit Zehnerstreifen und Einerplättchen legen
3: Zahlen in Zehner und Einer zerlegen 4: Zahlen finden
5 und 6: Zahlenangaben am Zahlenstrahl finden und zeigen

AH 64–65 | TÜ 61–62

1 Zeige die Zahlen:
25, 46, 71, 33, 58, 22,
36, 83, 79, 68, 99, 70.

2 Nenne alle Zahlen, die in der Spalte unter der 17 stehen.
Was fällt dir auf?

3 Welche Zahlen stehen in der Spalte über der 93?

4 Welche Zahlen stehen in der Zeile der 51?

1	2	3	4	5	6	7	8	9	10
11	12	13	14	15	16	17	18	19	20
21	22	23	24	25	26	27	28	29	30
31	32	33	34	35	36	37	38	39	40
41	42	43	44	45	46	47	48	49	50
51	52	53	54	55	56	57	58	59	60
61	62	63	64	65	66	67	68	69	70
71	72	73	74	75	76	77	78	79	80
81	82	83	84	85	86	87	88	89	90
91	92	93	94	95	96	97	98	99	100

5 Zähle.

von 25 bis 30
von 35 bis 40

von 56 bis 65
von 87 bis 99

von 99 bis 90
von 82 bis 77

6 Welche Zahlen liegen zwischen 51 und 60?
Welche Zahlen liegen zwischen 80 und 90?
Nenne Vorgänger und Nachfolger von 27, 59, 80 und 61.

7 Wahr (w) oder falsch (f)?

- Die 63 liegt zwischen der 62 und der 64.
- Die 41 steht über der 31.
- Zwischen der 12 und der 16 stehen die Zahlen 13, 14, 15.
- 78 > 75
- Der Vorgänger von 29 ist 30.
- Der Nachfolger von 50 ist 51.

1 bis 4: Zahlen finden, nennen, zuordnen 5: Vorwärts und rückwärts zählen
6: Zahlen zwischen zwei Zahlen finden; Vorgänger, Nachfolger bestimmen
7: Aussagen prüfen und begründen

Sammeln von Daten

1 In welchen Monaten feiern die Kinder deiner Klasse ihren Geburtstag? Fertige dazu in deinem Heft eine Strichliste an.

Monat	Anzahl der Kinder
Januar	
Februar	
März	
...	

In welchem Monat haben die meisten Kinder Geburtstag?

2 Frage die Kinder deiner Klasse, welche dieser Haustiere sie haben. Fertige dazu in deinem Heft eine Strichliste an.

Tiere						
Anzahl der Kinder						

3 Zähle die Gegenstände der Tabelle in deinem Klassenzimmer. Trage die Anzahl in die Tabelle ein.

Gegenstände						
Anzahl						

Vergleiche die Anzahl der Stühle mit der Anzahl der Tische.
Anzahl der Stühle   Anzahl der Tische

1: Tabelle im Heft anlegen und Anzahlen eintragen; größte Anzahl ermitteln; Monat mit einer geringeren Anzahl als 5 finden   2: Strichliste zur Befragung führen
3: Strichliste führen; Zahlen vergleichen und Relationszeichen setzen

AH 66–67

Die Kinder einer Schule in Leipzig kommen so zur Schule:

Klasse				
1a	3	6	8	7
1b	12	4	0	8
1c	6	5	2	10

1 Wie viele Kinder gehören zu jeder Klasse?

Klasse 1a: Klasse 1b: Klasse 1c:

2 Wahr w oder falsch f ?

In der Klasse 1a kommen weniger Kinder mit dem Auto als in der Klasse 1b.

In der Klasse 1c kommen mehr Kinder zu Fuß als in der Klasse 1a.

In der Klasse 1b kommen doppelt so viele Kinder mit der Straßenbahn wie in der Klasse 1c.

Höchstalter der Tiere

Tiere	Alter
Fuchs	20 Jahre
Eichhörnchen	10 Jahre
Storch	30 Jahre
Hirsch	30 Jahre
Pelikan	60 Jahre
Esel	40 Jahre

3 Welches Tier wird doppelt so alt wie ein Fuchs?

4 Wie viel Jahre kann ein Pelikan älter werden als ein Storch?

5 Wie viel Jahre kann ein Esel länger leben als ein Eichhörnchen?

6 Stimmt es, dass ein Hirsch nur 10 Jahre älter werden kann als ein Fuchs?

1 und 2: Informationen aus der Tabelle entnehmen; Klassenstärke berechnen und Aussagen auf wahr oder falsch prüfen
3 bis 6: Informationen aus der Tabelle entnehmen; Fragen beantworten und Lösungsfindung erklären

Meter

Das Tafellinial ist genau einen Meter lang.

MERKE DIR

Du sprichst: ein Meter
Du schreibst: 1 m

1 Finde im Klassenraum Gegenstände,
- die genau einen Meter lang, breit oder hoch sind,
- die länger, höher oder breiter als einen Meter sind,
- die kürzer, niedriger oder schmaler als einen Meter sind.

2 Wie viele Fingerspannen brauchst du für einen Meter?
Wie viele Fußlängen brauchst du für einen Meter?
Wie viele Schritte brauchst du für einen Meter?

3 Wähle Messinstrumente aus. Schätze zuerst und miss dann.
- Höhe der Klassenzimmertür
- Breite des Fensters
- Höhe des Schrankes
- Breite der Tafel
- Länge des Klassenraums.

1: Finden von Gegenständen im Klassenraum; Festigung der Begriffe länger, kürzer, höher usw.
2: Feststellen der Länge 1 m mit eigenen Körpermaßen
3: Schätzen und Messen mit Messgeräten

1 Lege geordnet mit Rechengeld. Beginne mit 1 Cent.

2 Wie viel Geld ist das?

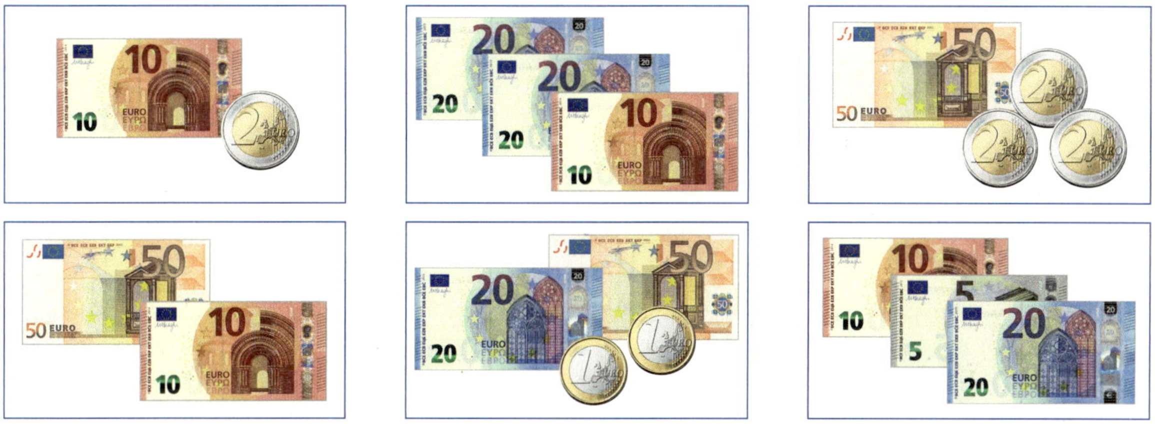

3 Lege auf verschiedene Weise.

26 ct   39 ct   85 ct   25 €   42 €   63 €   100 €

4 Setze das richtige Zeichen: < = >.

1: Geldwert erkennen; Ordnen nach Vorschrift   2: Geldbetrag (Summe) erfassen
3: Geldwert verschieden darstellen
4: Größe des Geldwertes erfassen und vergleichen; Relationszeichen setzen

Uhr – Uhrzeit

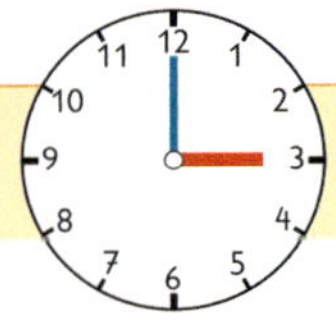

3 Uhr und 15 Uhr

8 Uhr

5 Uhr

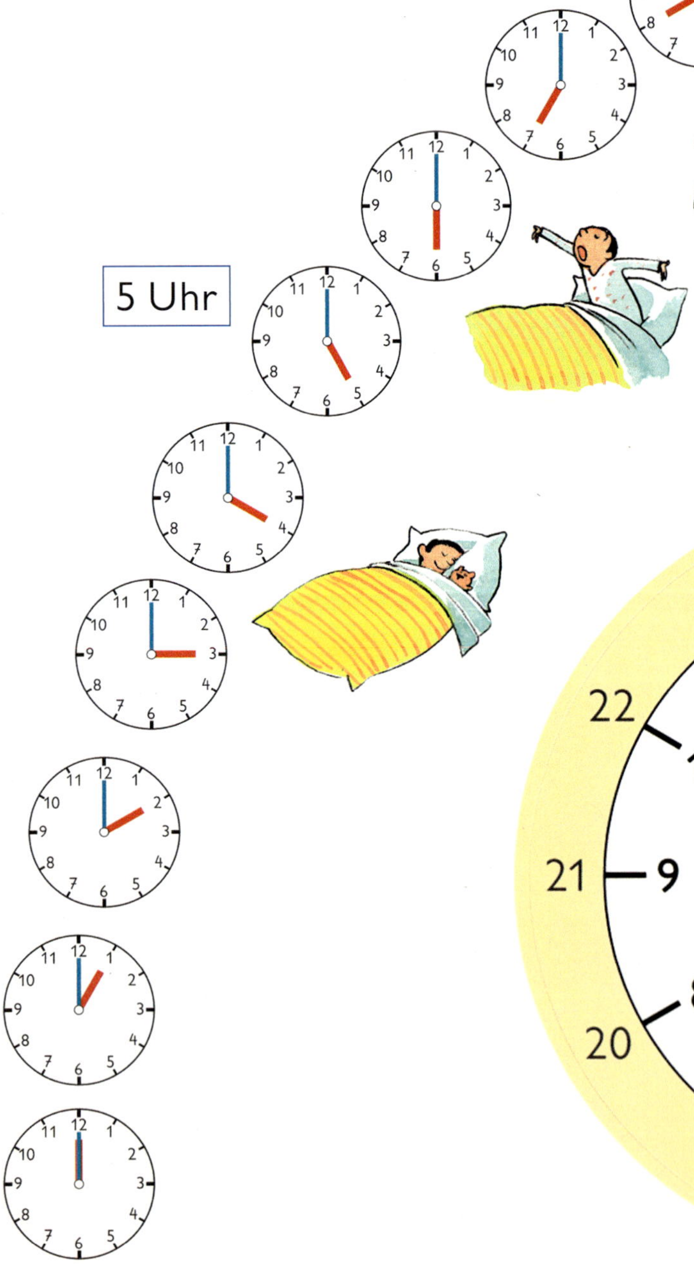

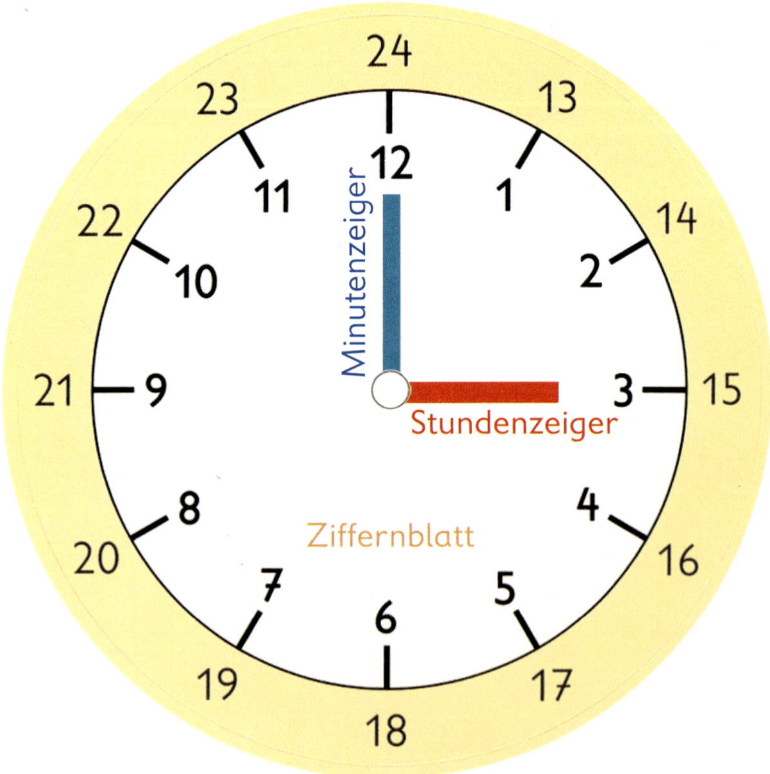

1 Tag = 24 Stunden

14 Uhr

P

Projektidee: Zahlen überall

Zahlen gesucht

Zähle an deinem Körper und finde die Zahlen.

Sag mir doch, wo hast du **zwei?**
Zum Lauschen ________ Ohren,
zum Schauen ________ ________,
zum Schaffen ________ ________,
zum Laufen ________ ________,
________ Füße dazu,
und richtig, ________ Hände,
genauso wie du!

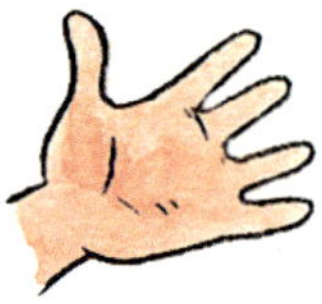

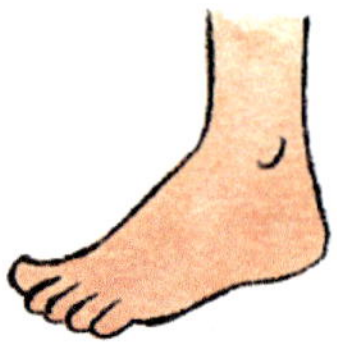

Sag mir doch, wo hast du **fünf?**
Oh, das sag ich dir geschwind.
An jeder ________ ________ Finger sind.
An jedem ________ ________ Zehen sind.
Das weiß doch jedes Kind.

Helene Hummes

1 Finde die fehlenden Worte. Schreibe dann den Reim in dein Zahlenbuch.

2 Male zu jedem Reim die richtige Zahl. Gestalte sie farbig.

3 Suche weitere Zahlenreime. Befrage dazu deine Eltern. Schreibe auch diese Reime in dein Zahlenbuch. Male dazu immer die Zahlen.

4 Erfinde selbst Zahlenreime. Schreibe sie in dein Zahlenbuch und male die Zahlen dazu.

1 bis 2: Reime vervollständigen, in das Zahlenbuch eintragen; Zahlen farbig gestalten
3: Zahlenreime erfragen und in das Zahlenbuch eintragen
4: Zahlenreime erfinden, vortragen und einschreiben

Zahlen auf dem Kalender

5 Was für ein Tag ist der 15. Dezember?
Was für ein Tag ist der 9. Dezember?

6 Anna hatte 6 Tage eher Geburtstag.
Wann war das?
Ben hat genau 4 Tage später
als Tom Geburtstag.
Wann hat er Geburtstag?

7 Klebe das Kalenderblatt deines Geburtstages in dein Zahlenbuch.
Male dazu für jedes Lebensjahr eine Blume.
Klebe auch die Kalenderblätter der Geburtstage deiner Eltern ein.

Wichtige Telefonnummern

8 Gestalte eine Seite in deinem Zahlenbuch mit diesen Nummern.

Telefonnummer meiner Eltern
Telefonnummer meiner Schule
Telefonnummer der Polizei
Telefonnummer der Feuerwehr

Zahlen auf unserem Geld

9 Welche Zahlen findest du:
auf den Geldscheinen, auf den Geldmünzen?
Male die Scheine und Münzen
in dein Zahlenbuch.

Zahlen auf der Uhr

10 Male in dein Zahlenbuch eine Uhr.
Trage die Zahlen von 1 bis 12 an.
Wo müssen die Zeiger stehen, wenn es 15 Uhr ist?
Zeichne die Zeigerstellung ein.

5: Name des Tages nennen 6: Zahl und Namen nennen 7 und 8: Seiten frei gestalten lassen
9: Geldscheine und Münzen malen; freie Gestaltung der Seite ermöglichen 10 und 11: Uhr zeichnen und Zeigerstellung eintragen

P

Projektidee: „Das macht nach Adam Ries …“

Adam Ries war ein berühmter Rechenmeister. Er eröffnete vor etwa 500 Jahren in zwei Städten Rechenschulen.
Das Rechnen war damals eine Kunst, die nur wenige Menschen beherrschten.
Adam Ries lehrte an seinen Rechenschulen das Rechnen auf dem Rechenbrett mit Rechenpfennigen.

1 Forschungsauftrag: Wann lebte Adam Ries? In welcher Stadt lebte und starb er? **TIPP:** Befrage dazu deine Eltern. Bitte sie, mit dir zusammen im Internet nachzuschauen oder im Lexikon nachzulesen.

Aufbau des Rechenbrettes

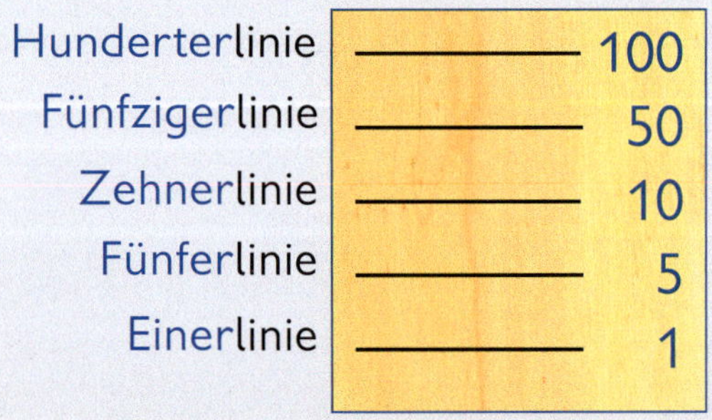

Anleitung zum Arbeiten mit dem Rechenbrett:
Liegen 5 Steine auf der Einerlinie, dann musst du sie wegnehmen und dafür 1 Stein auf die Fünferlinie legen.

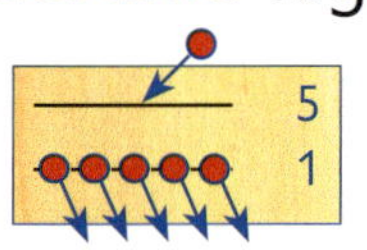

Liegen 2 Steine auf der Fünferlinie, dann musst du Sie wegnehmen und dafür 1 Stein auf die Zehnerlinie legen.

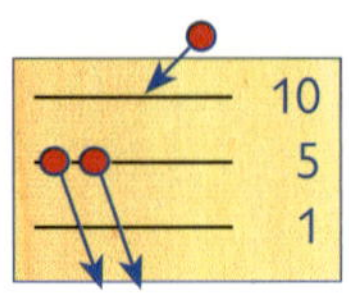

2 Ordne Zahlen zu.

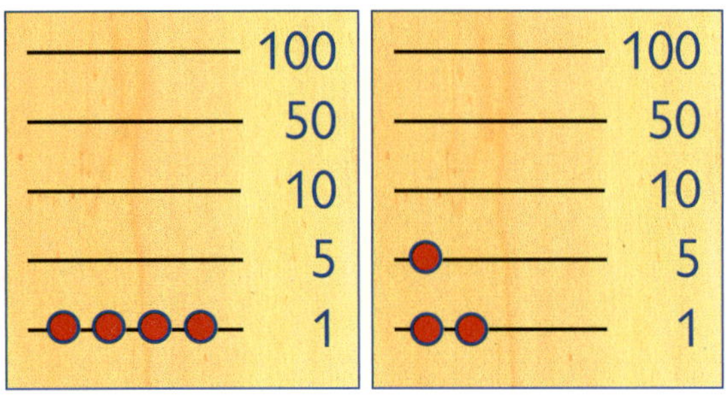

1: Unterrichtsgespräch zu Adam Ries als Vorbereitung auf den Forschungsauftrag
2: Zahlen den Darstellungen zuordnen

3 Sprich mit deinem Banknachbar darüber, was man mit dem Ausspruch „Das macht nach Adam Ries …“ sagen will.

4 Ordne jedem Rechenbrett die richtige Zahl zu.

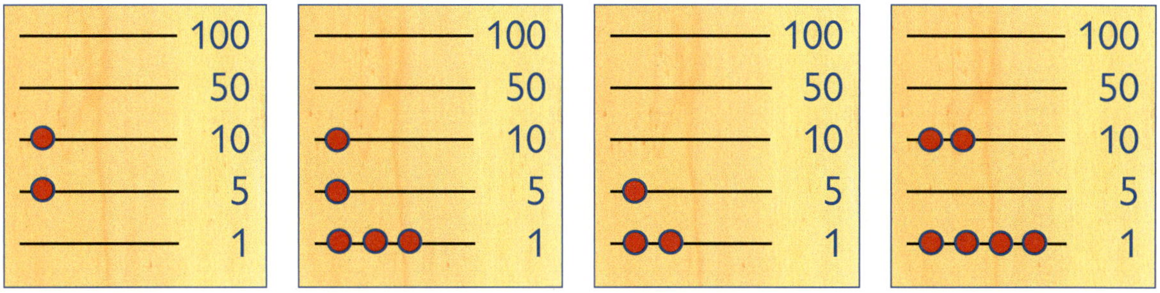

5 Zeichne ein Rechenbrett.
Lege mit Plättchen die Zahlen 6, 9, 15, 13, 50, 80.

6 Erkläre, wie du am Rechenbrett die Aufgaben löst.

5 + 4 = 15 + 2 = 9 − 4 = 17 − 2 =

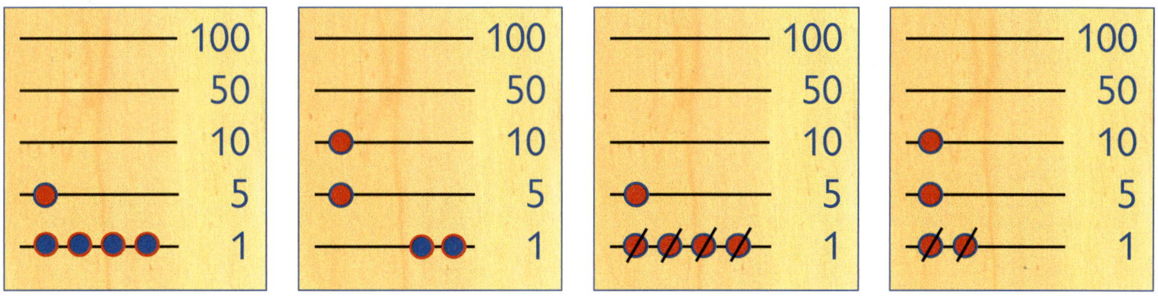

7 Rechne an deinem Rechenbrett. Erkläre deinem Partner, wie du legst und rechnest.

6 + 2	10 + 5	19 − 5	17 − 5
4 + 3	15 + 3	18 − 3	13 − 3
11 + 4	17 + 2	13 − 3	18 − 4

3: Mehrere Interpretationsmöglichkeiten vorstellen und diskutieren 4: Zahlen den Darstellungen zuordnen 5: Rechenbrett zeichnen; Zahlen mit Plättchen legen 6: Addieren und Subtrahieren am Rechenbrett erklären 7: In Partnerarbeit Aufgaben besprechen, legen und lösen

Projektidee: Mathematik zum Staunen und Spielen

1 Zeichne die beiden Pfeile in dein Heft.
Zeichne noch 2 Linien so dazu,
dass 3 Pfeile entstehen.

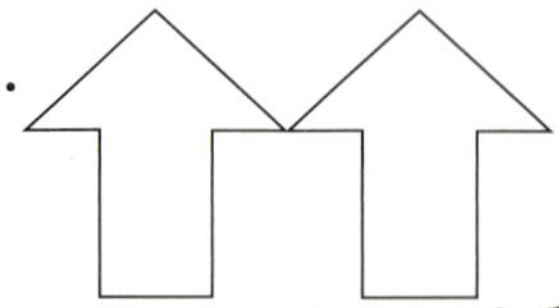

2 Finde passende Aufgaben zu den Mustern.

Male selbst Muster und schreibe die Aufgabe dazu.

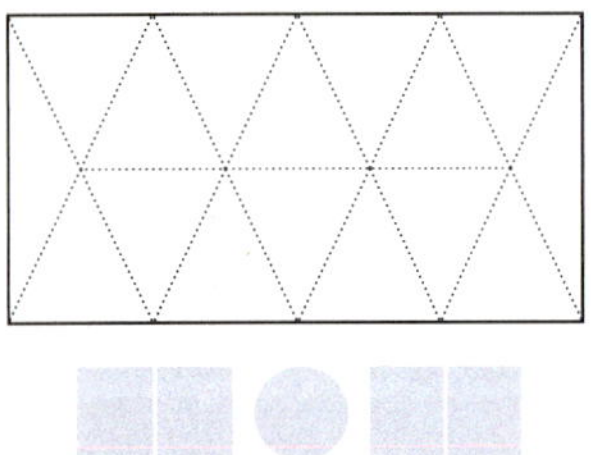

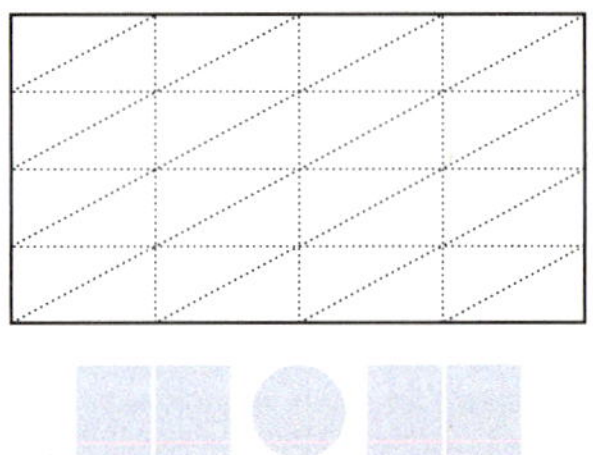

3 Wo sitze ich?

Tom beschreibt seinen Platz so:
Ich sitze rechts von Platz 6 und
links von Platz 9.
Mein Platz ist schräg gegenüber
von Platz 2.

Lisa sitzt zwischen Platz 2 und 5.
Schräg gegenüber von Platz 9.

Erfinde solche Aufgaben zum Suchen der Nummer
des Sitzplatzes.

1: Lösung finden und erklären
2: Passende Aufgaben finden; Muster gestalten und Aufgaben zuordnen
3: Sitzplätze finden (auch durch Nachspielen)

4 Lege mit 12 Stäbchen diese Figur.
Wie viele Quadrate siehst du?
Nimm 2 Stäbchen so weg,
dass 3 gleich große Quadrate bleiben.

5

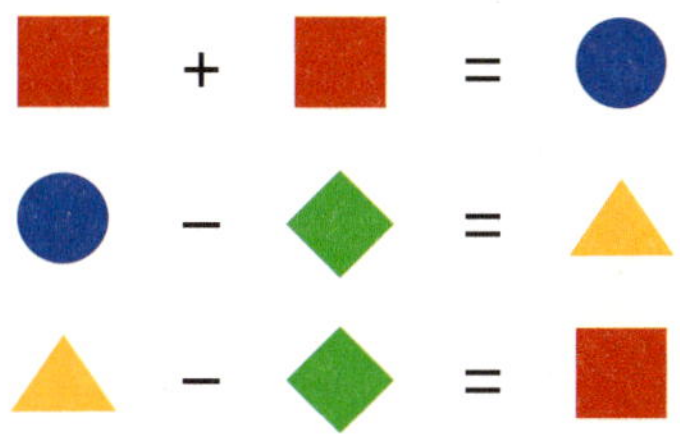

Setze für jede der Figuren eine
der Zahlen 2, 4, 6 und 8 ein.

6 Wo gehören die Rechenzeichen
(+) (=) (−) hin?

16 ○ 9 ○ 7   7 ○ 13 ○ 6

70 ○ 40 ○ 30   20 ○ 70 ○ 90

7

Der Hase rennt hin und her. Beim 1. Mal ist er bei der Igelfrau.
Beim 2. Mal ist er beim Igelmann. Wo ist er beim 4. Mal?
Wo ist er beim 7. Mal? Wo ist er beim 12. Mal? Stimmt es,
dass der Hase beim 20. Mal bei der Igelfrau ist?

8 Erfinde Rechenrätsel und Rechenspiele.

Projektidee: Mathematik in der Kunst

Paul Klee (1879–1940) nannte dieses Bild von 1923
„Kampfszene aus der komischen Oper ‚Der Seefahrer'"

1 Woran denkst du beim Betrachten des Bildes?

2 Welche geometrischen Formen siehst du?

3 Gestalte selbst ein Bild mit diesen Formen.

1: Bild betrachten
2: Geometrische Formen Kreis, Dreieck, Viereck entdecken
3: Bild mit geometrischen Formen gestalten

Schöne **Muster** findet man an vielen Orten auf der Welt.

4 Wo kannst du schöne Muster finden? Beschreibe oder male sie.

5 Zeichne diese Muster in dein Heft.

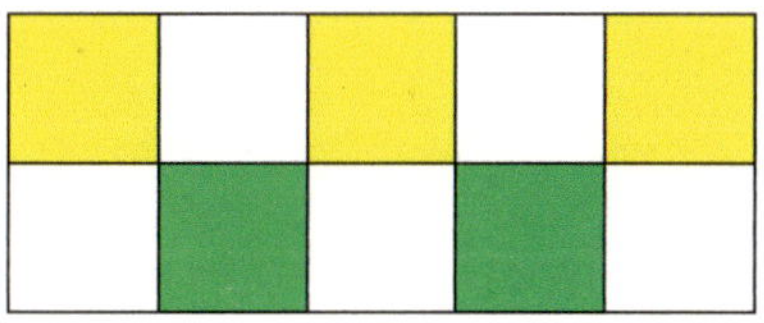

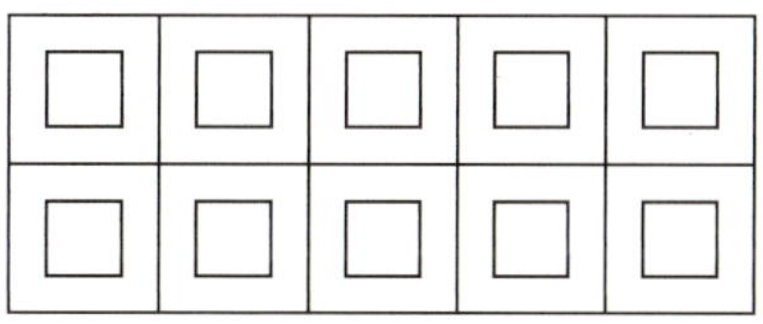

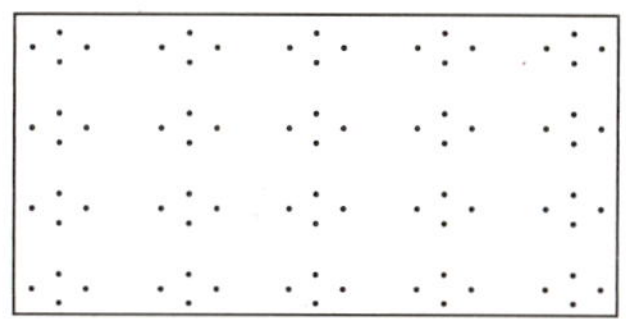

6 Erfinde eigene Muster.

4: Weitere Muster entdecken und beschreiben oder malen
5: Muster ins Heft übertragen
6: Weitere Muster erfinden und malen

1	2	3	4	5
eins	zwei	drei	vier	fünf

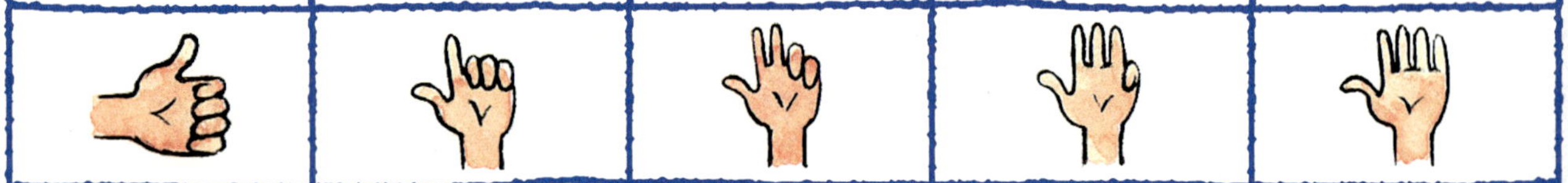

11	12	13	14	15
elf	zwölf	dreizehn	vierzehn	fünfzehn

1	2	3	4	5	6	7	8	9	10

1	2	3	4	5	6	7	8	9	10
11	12	13	14	15	16	17	18	19	20

1	2	3	4	5	6	7	8	9	10
11	12	13	14	15	16	17	18	19	20

VOLK UND WISSEN
Zehnerfeld 220004982

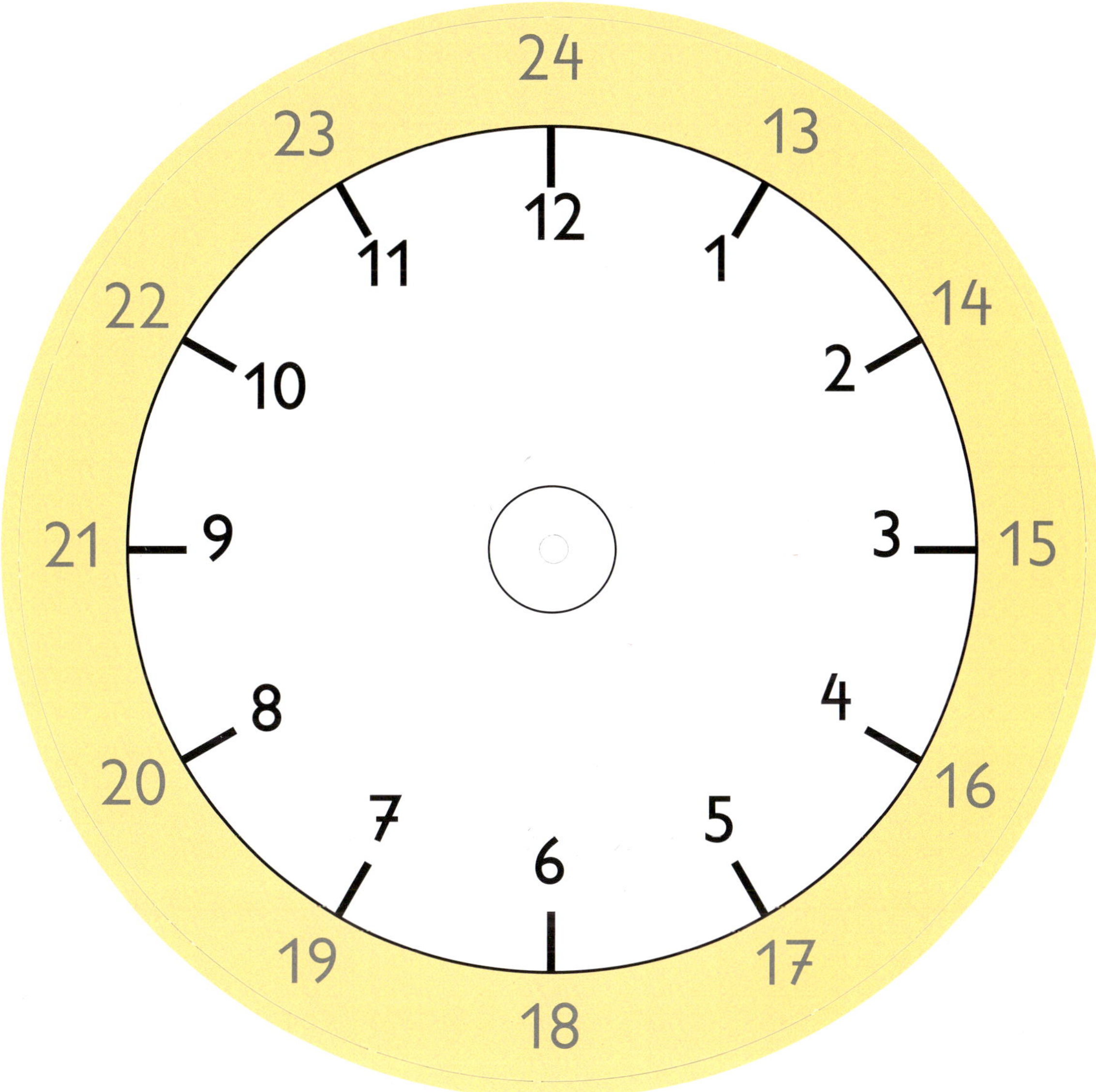

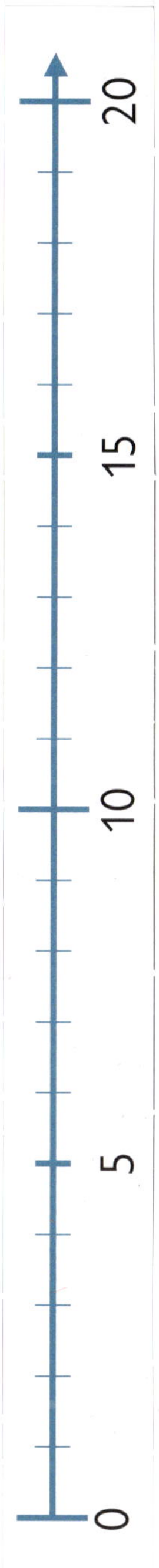

220004983

Großer Zeiger
Minutenzeiger

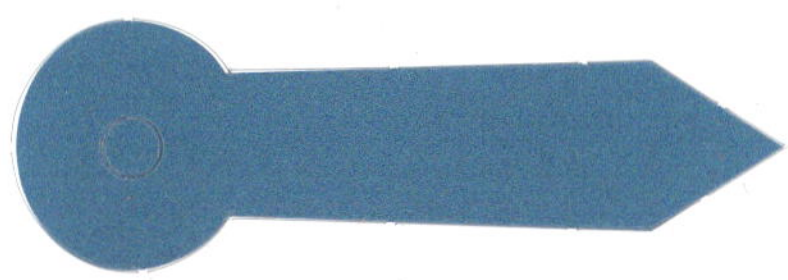

Kleiner Zeiger
Stundenzeiger

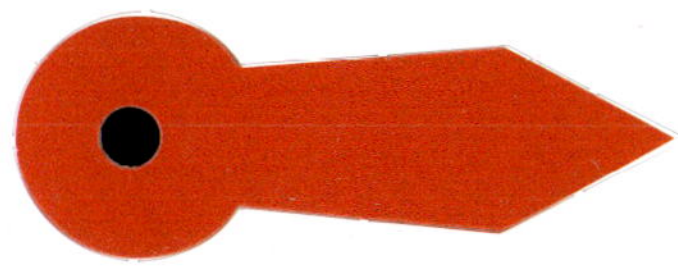

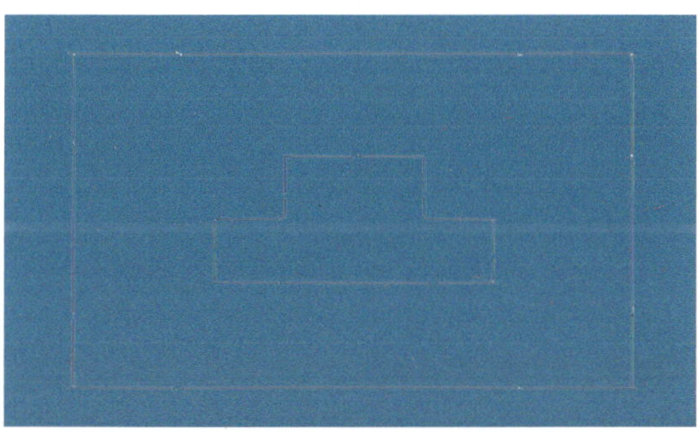

VOLK UND WISSEN
Uhr/Zahlenstrahl 1

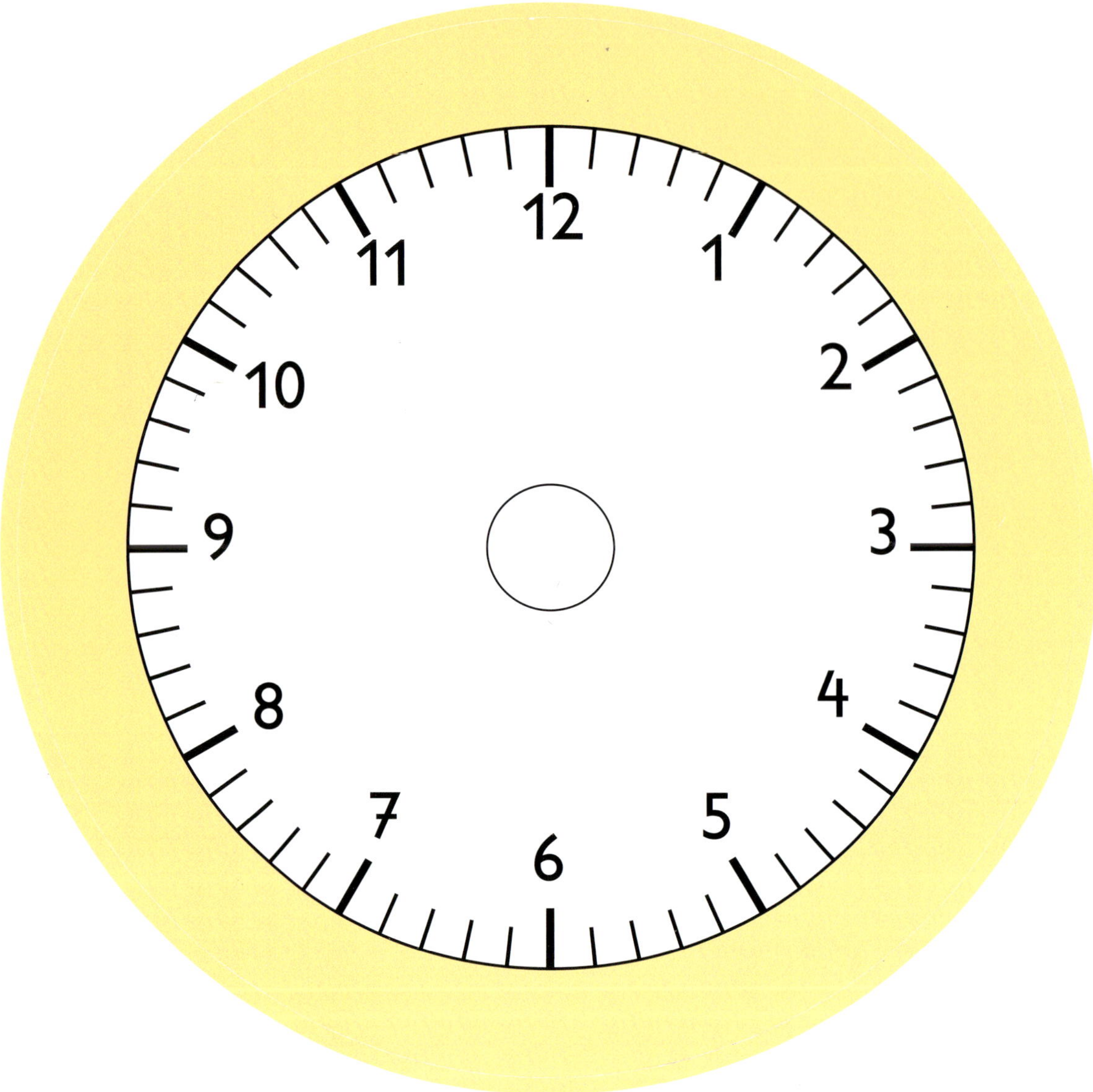
12
1
2
3
4
5
6
7
8
9
10
11

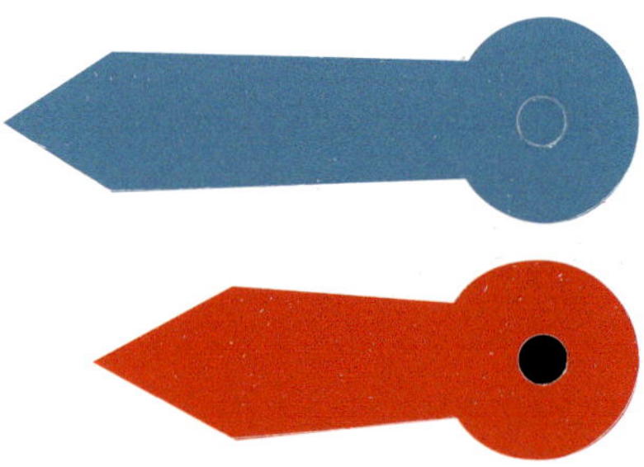

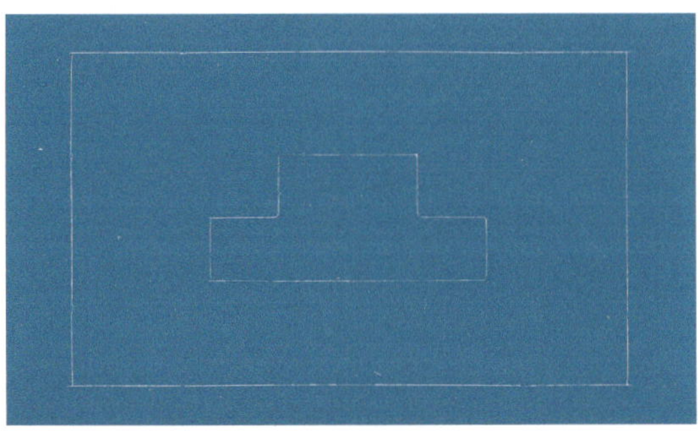

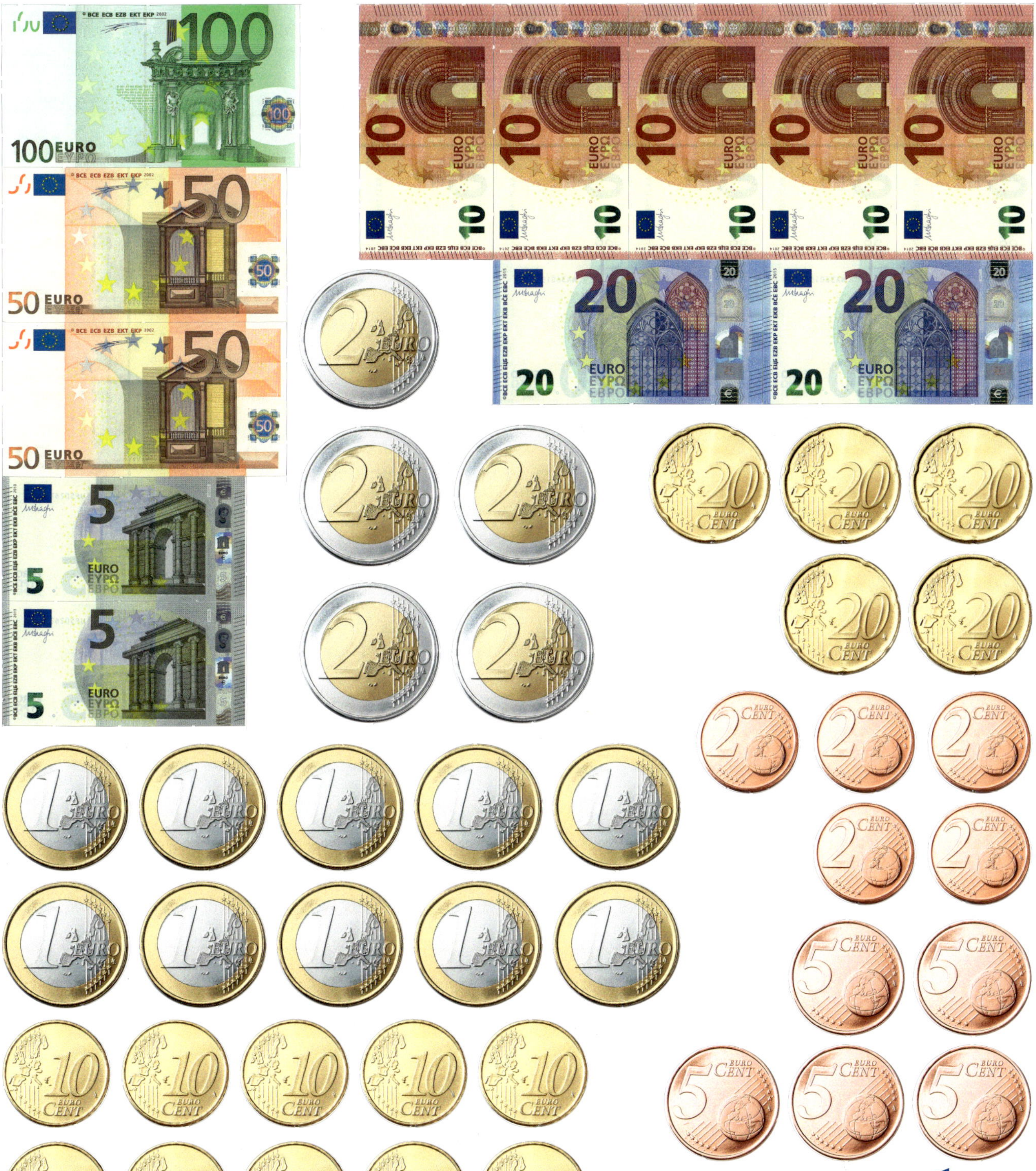

Rechengeld 1

220004984

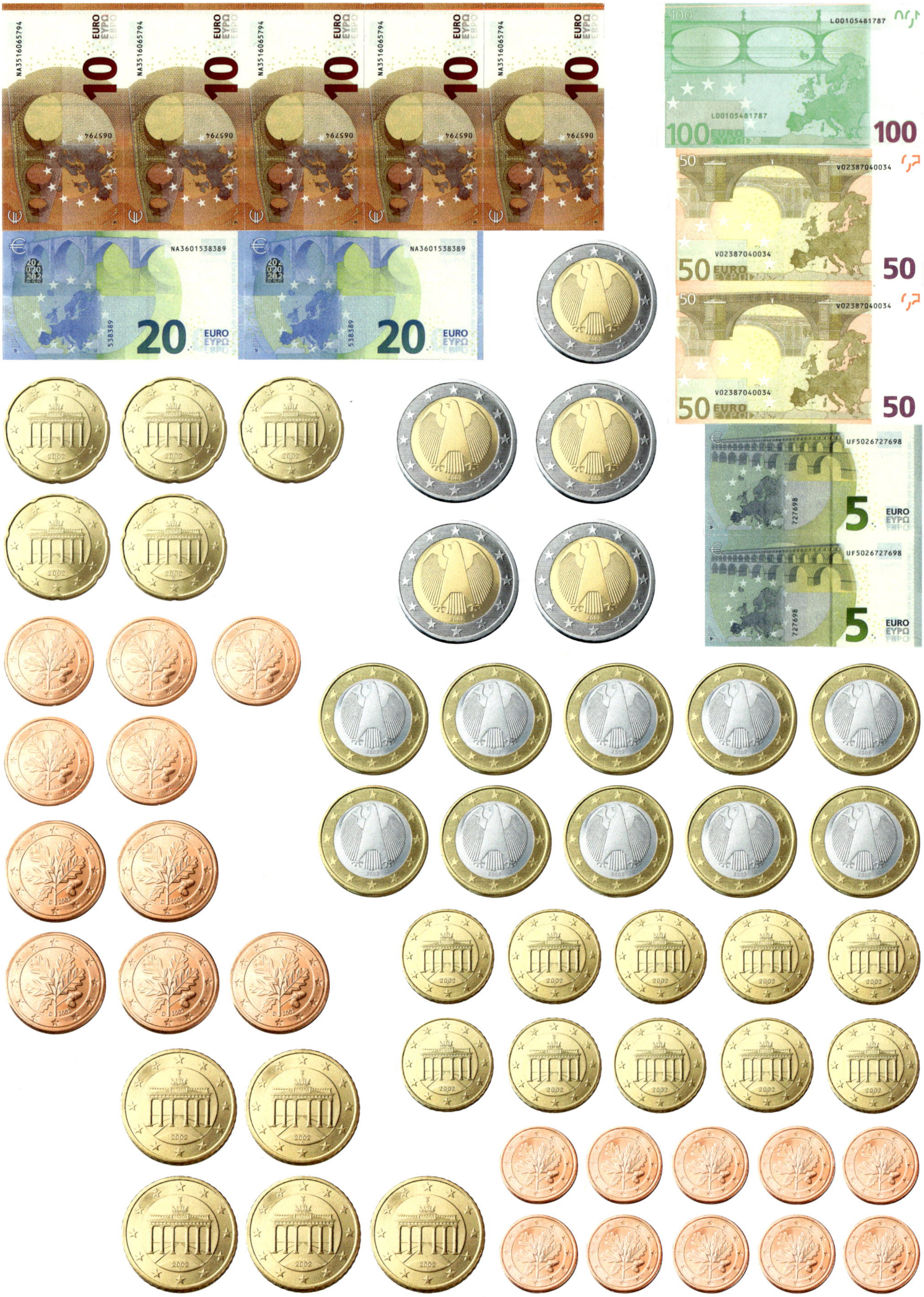

10 EURO
NA3516065794
100
L00105481787
50
V02387040034
20 EURO
NA3601538389
5 EURO
UF5026727698
2002